大久保隆夫 著

サイバーセキュリティ、わからん

と思ったときに読む本

Ohmsha

はじめに

　1990年代から急速に普及したインターネットは、いまや生活と切っても切り離せない重要なインフラとなりました。電気やガスや水道と同じように、情報通信は私たちの生活に欠かすことのできない基盤です。スマホでSNSを使用したり、家族や友人と連絡を取り合ったり、ネットショップで必要なものを購入したり……そういった情報通信機能をいっさい使用しない日が多くある、という人は近年では珍しいでしょう。そしてインターネットは、私たちの生活に大きな恩恵をもたらすと同時に、**サイバー攻撃に晒される危険性**ももたらしました。

　サイバーセキュリティというと、専門家が理解していればよいことだと思っている人が多いかもしれません。しかし、インターネットを利用している人はすべて、常にどこかから誰かに攻撃されるリスクを抱えています。この本は、専門家ではないごく普通の人、**つまりスマホからSNSを利用したり、仕事や勉強でパソコンを使ったりしている、本当にごく一般の方向けに、リスクを低減するために知っておいたほうがよい知識**をまとめたものです。

　広く知られているセキュリティ対策として、「パスワードを単純な単語にしたり、使い回したりしてはいけない」「OSのアップデートがきたら適用しなくてはならない」などが思い浮かぶ人は多いでしょう。しかし、「具体的にどのようにパスワードが解析されるのか、どの程度の時間がかかるのか」「なぜ定期的にアップデートファイルが配布されるのか、適用しないとどんな危険があるのか」など、もう一歩踏み込んだところまで理解している人は多くありません。しかし、そこまで理解できていると、より強く自分の身を守れるようになります。

本書では、まず私たちが対抗する必要のあるサイバー攻撃とはなんなのか、実際にどんな被害が発生しているのかを確認したのち、セキュリティの考えかたや代表的な技術について解説していきます。あくまで**一般のユーザーとして十分な知識を身につける**ことを最終目的としているので、もしあなたが試験などのためにセキュリティの深い知識を求めているのであれば、より上級の書籍を当たることをおすすめします。

　逆に、一般教養としてセキュリティを学びたい方や、一般社員に対する講習内容に悩んでいるセキュリティ対策担当の方などには適しています。また、自分用のスマホやパソコンを使うようになった学生の方や、その保護者の方にもおすすめできます。

　サイバー犯罪や情報漏えい事件は、難解なプログラムを駆使したハッキングなどが原因であることももちろんありますが、それ以上に、一般ユーザーや一般社員の些細なミスや習慣がきっかけとなっている場合も非常に多いです。**一人ひとりがほんの少し意識と行動を変える**だけで、**かなりの割合で事故を防ぐことができます。**あなたがこの本を読み終わったときに、身近なセキュリティ対策を見直してみようかな、という気持ちになって、行動を起こしてくれれば嬉しく思います。

この本で学べること

- 一般的なユーザーとして十分なサイバーセキュリティの知識
- サイバー攻撃者に対して与える隙をできるだけ減らす方法や考えかた
- サイバーセキュリティの基本的な用語と技術の概要

読者対象

- 日常生活でスマートフォンを使う学生、社会人
- 学校や会社でパソコンを使う学生、社会人
- IT企業への就職や転職が決まった方
- 一般社員向けのセキュリティ講習を担当するIT関連部署の社員
- 子どもにスマートフォンやタブレットの安全な使いかたを教える必要がある保護者、教員
- ほかのサイバーセキュリティの入門書を読んでみたが、難しくて挫折してしまった方

この本の構成

- Chapter 1　サイバーセキュリティはどうして必要なんだろう？
- Chapter 2　サイバー攻撃の手口を知ろう
- Chapter 3　サイバーセキュリティの基本的な考えかた
- Chapter 4　情報を守るための技術を知ろう
- Chapter 5　サイバー攻撃のしくみを知ろう

　Chapter 1では、サイバー攻撃による典型的な被害事例を紹介します。Chapter 2では、サイバー攻撃がどのように行われるのか、その手口をわかりやすく解説します。Chapter 3では、「サイバーセキュリティ」を定義づけ、基本的な考えかたを説明します。Chapter 4では、セキュアな状態を実現するための具体的な技術、たとえば暗号などのしくみを紹介します。最後のChapter 5では、典型的なサイバー攻撃の手法をいくつか取り上げ、そのしくみと防御方法を解説します。

Chapter 1 | サイバーセキュリティは どうして必要なんだろう?

1 生活はサイバー空間とつながっている ⋯⋯⋯⋯⋯ 2

2 預金がネット経由で奪われる ⋯⋯⋯⋯⋯ 4

3 データが人質にされて身代金を要求される ⋯⋯⋯⋯⋯ 6

4 顧客の個人情報を流出してしまう ⋯⋯⋯⋯⋯ 8

5 公共交通機関が攻撃される ⋯⋯⋯⋯⋯ 10

6 ネットショップで買いものできなくなる ⋯⋯⋯⋯⋯ 12

7 ペースメーカーが勝手に操作される ⋯⋯⋯⋯⋯ 14

コラム 1 テレワークのセキュリティ対策 ⋯⋯⋯⋯⋯ 16

8 **攻撃は騙すことから始まる** 18

9 **典型的な手口① ソーシャルエンジニアリング** 20

10 **典型的な手口② フィッシング** 24

11 **典型的な手口③ マルウェア** 26

12 **ハッキングってなんだろう?** 30

13 **脆弱性ってなんだろう?** 32

　　コラム｜2　マルウェアに感染してしまったら 35

14 **脆弱性を悪用する攻撃** 36

15 **インターネットを支えるプロトコル** 38

16 **TCP/IPがもたらすメリットとデメリット** 42

　　コラム｜3　セキュリティソフトの選びかた 44

⑰ 情報セキュリティとサイバーセキュリティ ……… 46

⑱ CIA＝機密性・完全性・可用性 …… 50

⑲ 機密性 ……… 52

⑳ 完全性 ……… 54

㉑ 可用性 ……… 56

㉒ 認証ってなんだろう？ ……… 58

㉓ 認証の種類 ……… 60

㉔ 認証と認可はどう違う？ ……… 63

㉕ 認可（アクセス制御）の種類 ……… 65

㉖ 暗号化ってなんだろう？ ……… 68

㉗ 監視ってなんだろう？ ……… 70

　コラム｜4　サイバーセキュリティ関連のいろんな資格 ……… 73

㉘ 攻撃を検知し遮断するシステム ……… 74

㉙ 組織と人を管理しよう ……… 76

㉚ 法律と制度による制約 ……… 78

㉛ 最小特権ってなんだろう？ ……… 80

㉜ 多層防御と多重防御 ……… 82

㉝ 脅威を分析する ……… 84

㉞ 隠すだけでは安全ではない ……… 87

㉟ 通信は暗号で守られている ⋯⋯⋯⋯⋯⋯⋯ 90

㊱ 現代暗号のしくみ ⋯⋯⋯⋯⋯⋯⋯⋯⋯⋯⋯ 92

㊲ さまざまな暗号の種類 ⋯⋯⋯⋯⋯⋯⋯⋯⋯ 94

㊳ 暗号は何年経っても絶対に解けないの? ⋯⋯ 96

㊴ 外部からの改変を防ぐデバイス ⋯⋯⋯⋯⋯ 98

㊵ 絶対に信頼できる最初の基点 ⋯⋯⋯⋯⋯⋯ 100

㊶ セキュアOSってなんだろう? ⋯⋯⋯⋯⋯⋯ 102

㊷ 脆弱性を見つけるテスト ⋯⋯⋯⋯⋯⋯⋯⋯ 104

　　コラム|5　個人情報と特定個人情報 ⋯⋯⋯ 107

㊸ ブラックボックステストの手法 ⋯⋯⋯⋯⋯ 108

㊹ 鍵の開いた入口がないか見つけよう ⋯⋯⋯ 110

㊺ 悪性のファイルを検知する ⋯⋯⋯⋯⋯⋯⋯ 114

㊻ ネットワークからの攻撃を検知する ⋯⋯⋯ 116

　　コラム|6　ネットワークの構造と防御システム ⋯ 118

47 みんなパスワード認証をやめたがっている ……………………………… 120

48 総当たり攻撃 …………………………………………………………………… 122

コラム 7 パスワード変更はどうして面倒なの？ …………………… 125

49 辞書攻撃 ………………………………………………………………………… 126

50 アカウントリスト攻撃 ………………………………………………………… 128

51 DoS攻撃とDDoS攻撃 ……………………………………………………… 130

52 DDoS攻撃への対策 ………………………………………………………… 134

53 インジェクション攻撃ってなんだろう？ ………………………………… 136

コラム 8 「必要になったら学べばいい」では遅い理由 ……………… 139

54 データベースやOSのための言語 ………………………………………… 140

55 インジェクション攻撃のしくみ …………………………………………… 142

56 インジェクション攻撃への対策 …………………………………………… 144

57 メモリのしくみ ………………………………………………………………… 146

58 バッファをあふれさせる① 異常終了 …………………………………… 148

59 バッファをあふれさせる② アドレスの書き換え …………………… 150

60 バッファオーバーフローへの対策 ………………………………………… 152

おわりに …………………………………………………………………………… 154

INDEX ……………………………………………………………………………… 161

1

サイバー
セキュリティは
どうして必要
なんだろう？

サイバーセキュリティは専門家だけが知っていればよいものだと思われがちですが、実は一般ユーザーにとっても無関係な知識ではありません。ここでは、一般ユーザーにもサイバーセキュリティの知識が必要な理由を述べたのち、身近な被害事例を確認していきます。

① 生活はサイバー空間とつながっている

現代では、身の周りのさまざまなものが**インターネット**（ネット）につながっています。2000年以降に生まれた方は想像しづらいかもしれませんが、昔はなにかを調べようと思ったら図書館に、道がわからなくなったら交番に行くしかありませんでしたし、外に出ている人とリアルタイムで連絡を取る手段もほとんどありませんでした。

　しかしいまでは、それらの行動がすべてスマートフォン（スマホ）1台で実行できます。それだけでなく、家電などの機器や自動車、さらには電気や水道などの社会インフラまでもが、インターネットにつながるようになりました。

それぞれの機器やシステムは、インターネットを利用してリアルタイムで情報を共有したり、それに応じて端末を制御したりしています。このような身の周りのさまざまなモノがインターネットとつながるしくみのことを、**IoT**（Internet of Things、モノのインターネット）といいます。

　IoTはごく一般的な技術として浸透したので、みなさんが気づいていないものもあるかもしれません。目に見える製品だけでなく、目に見えないシステムやエネルギーなどもネットワークにつながるようになり、世の中は確実に便利になりました。

　しかし、残念ながらよいことばかりではありません。機器やシステムがインターネットにつながるということは、インターネット上のどこかからその機器やシステムに通信できるということです。つまり、**インターネットを介して悪意のある人から攻撃を受ける可能性**がありますし、**現実にそのような事例が出てきています**。近年では電力や水道の施設に対する攻撃が話題になりましたが、これは社会インフラがネットワークにつながる前にはなかった事件です。

　生活のあらゆるものがインターネットに依存している以上、みなさんはサイバーセキュリティと無縁でいることはできません。「サイバーセキュリティは専門家の仕事では？」と感じるかもしれませんが、趣味や仕事でスマホやパソコン（PC）を使っている一般の人でも、自分や家族、会社などの資産を守るために知っておいたほうがよいことがあります。

　この本では、みなさんが適切に身を守るために知っておいたほうがよい知識を中心に解説していきます。まずは、**なぜセキュリティが大切なのか**を知るために、**実際の被害や攻撃の例**を見ていきましょう。

2 預金がネット経由で奪われる

インターネットを介して悪意のある第三者が誰かに損害を与える行為のことを、**サイバー攻撃**といいます。身近なサイバー攻撃の一例が、**インターネットバンキングの不正引出**です。

インターネットバンキング（オンラインバンキング）とは、インターネットを利用した、銀行などによる金融取引のことです。銀行のWebサイトにアクセスすることで、口座残高を確認したり、振込や振替の処理をしたりできます。

インターネットバンキングの普及により、紙の通帳は廃止して、電子通帳のみで運用する銀行も増えてきています。銀行の窓口やATMに足を運ばなくてもさまざまな手続きができるようになったので、とても便利なシステムです。

しかし、インターネットバンキングは便利である反面、**サイバー攻撃を行う者**(以後、**攻撃者**)にとっても格好の標的になっています。たとえば、「送金手続きをしていないのに、いつの間にか知らない口座へ自分のお金が送金されていた」といった事例が多発しています。

2021年には、NTTドコモの電子決済サービス「ドコモ口座」を介して不正に預金が引き出される事件が起き、被害総額は約1,800万円にのぼりました。

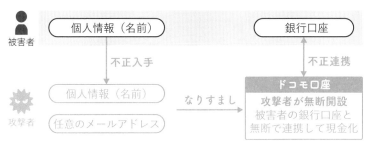

▲ ドコモ口座の不正引き出し事件の概要

この事例において、攻撃者は、まず被害者の個人情報を不正に入手しました。次に、被害者の名前でドコモ口座を開設して、被害者の銀行口座と連携させました。

なぜそんなことが可能だったかというと、ドコモ口座の開設には本人の名前とメールアドレスさえあればよく、本人確認を行うしくみがなかったためです。つまり、**まったくの他人が勝手に口座開設することが可能**だったのです。このしくみを悪用して、攻撃者は被害者の銀行口座からドコモ口座へと不正に引き出しを行っていました。

インターネットバンキングへの攻撃は、おもに**フィッシング**による詐欺という形で行われます。フィッシングについては、⑩でくわしく解説します。

3 データが人質にされて身代金を要求される

サイバー世界にも、現実世界と同様に「人質を取り身代金を要求する」犯罪が存在します。それが**ランサムウェア**による攻撃です。ランサムとは「身代金」という意味です。

　ランサムウェアは、人の代わりに**データやコンピューターを人質（物質）**に取ります。代表的な例は、2017年に世界的に流行した**WannaCry**です。世界150カ国以上、23万台のコンピューターを感染させ、大きな問題となりました。

　ランサムウェアに感染すると、次ページの図のような画面が表示されます。画面には「あなたのPCのファイルが暗号化された」という警告とともに、「元に戻してほしい場合の金銭やビットコインなどの送信先」が表示されます。

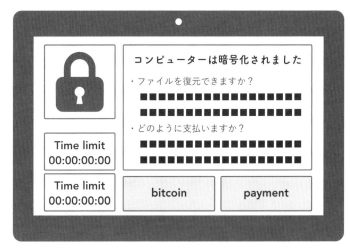

▲ ランサムウェアに感染した端末の画面の例

感染を防ぐためには「**知らないアドレスから来たメールの添付ファイルは安易に開かない**」「**マクロ**[※1]**を有効にしない**」などの対策が必要です。また、万が一感染してしまった場合に備え、**重要なデータは定期的にバックアップ**を取っておきましょう。バックアップがあればファイルが壊されても復元できます。

　ランサムウェアはファイル復元の対価として金銭を要求してきますが、応じないことをおすすめします。被害にあった場合は、以下の窓口などに相談するとよいでしょう。

- **警察庁｜都道府県警察本部のサイバー犯罪相談窓口：**
  https://www.npa.go.jp/cyber/soudan.html
- **情報処理推進機構(IPA)｜情報セキュリティ安心相談窓口：**
  https://www.ipa.go.jp/security/anshin/

　ランサムウェアは進化し続け、今日まで大きな脅威であり続けています。

※1　マクロとは、WordやExcelなどのソフトに搭載されている、複雑な処理を自動化する機能のことです。通常はオフにされています。

4 顧客の個人情報を 流出してしまう

ネ ットショップで買い物をするとき、会員登録が必要である ケースはよくありますね。このとき、住所や氏名、クレ ジットカード番号などを登録すると、次回以降の利用では繰り返 し入力する必要がなくて便利です。

　顧客から個人情報を収集し保管することは、多くのサービスに おいて行われています。しかし、これらの情報がサイバー攻撃に より流出して、顧客に**クレジットカードの不正利用**などの損害 を与えることもあります。

2021年、Facebook社（現Meta社）は5億5,000万人を超えるユーザーの個人情報の流出を認めました。原因は、Facebookが提供している機能を悪用することにより、攻撃者が第三者の情報を収集可能だったことだと説明しています。

こういった「攻撃者に悪用されてしまうシステムの欠陥」のことを、**脆弱性**といいます。Facebookの例からわかるように、攻撃者はそういった脆弱性を狙ってくるため、セキュリティを強化するには脆弱性をできるだけ取り除く必要があります。脆弱性については、⑬でくわしく説明します。

個人情報の流出は、脆弱性を利用した攻撃や、⑨で説明するソーシャルエンジニアリングなどにより発生することがあります。ただし、ここで注意しておきたいのは、個人情報流出事故はサイバー攻撃の被害に遭うよりも、**情報を適切に管理できていないせいで発生するケースが非常に多い**点です。

たとえば、紙やデバイスが入ったカバンを電車などに置き忘れたせいで、データが持ち去られて流出する例がよく見られます。また、パスワードをデバイスに付箋で貼りつけるなどの管理不備によって、第三者がシステムに侵入する例もあとを絶ちません。

顧客情報の入った
USBを持って外出し
出先に置き忘れてくる

I D：■■■■■
PASS：■■■■■

IDとパスワードが
付箋に書き出され
デバイスに貼られている

▲ デバイスの置き忘れやパスワード管理不備による流出

顧客の個人情報は**「事業者が適切に管理しなければならない」と個人情報保護法で定められています**。流出させた場合は個人情報保護法違反に該当する可能性があり、損害賠償を求められることもあります。

5 公共交通機関が攻撃される

ドラマや映画では、ときどき「サイバー攻撃によってバスや電車、車などがハッキングされ制御を奪われてしまう」というシーンを見かけます。これは実際にありえるのでしょうか？

　幸いなことに、2023年現在、まだそのような事態に陥った事例はありません。しかし、鉄道会社へのサイバー攻撃は国内外で行われており、被害も確認されています。

　たとえば、2016年には、米国サンフランシスコ市営鉄道の**駅の端末や券売機がランサムウェアに感染**し、**券売機を停止して無料で運行**することになりました。支払いは拒否したそうですが、身代金7万3,000ドルが要求されたそうです。

ほかにも、2017年にはドイツや日本の鉄道会社（JR東日本）のPCがWannaCry（③ 参照 ）に感染しています。WannaCryは鉄道会社だけでなく同時にさまざまな組織を攻撃し、300米ドル相当の身代金を要求したとされます。JR東日本の例では、駅に設置された**インターネット検索用の端末が感染**していたことが発覚しましたが、運行用などのネットワークにはつながっていなかったため、運行への影響はありませんでした。

　鉄道だけでなく、自動車への攻撃も考えられます。有線や無線それぞれのネットワークを経由して、**車の脆弱性を利用して制御を奪う**ことが可能になると、ハッカーの会議[※2]などで相次いで発表されています。ハッキングを再現した動画では、ハンドルの制御が奪われ、運転者がハンドルに触っていないのに車が左右に動く様子が映されていました。ハンドルやアクセルの制御を奪われると、自分の思いどおりに運転できなくなり、レーンを外れたり急加速や急減速をしたりと、事故につながる危険性が高くなります。

　このように、交通機関に対するサイバー攻撃が行われた場合、通勤や通学などの日常生活に影響が出るほか、**人身事故などの物理的な被害**が出る可能性もあります。

　2023年現在では、サイバー攻撃による交通機関への物理的被害は出ていません。また、鉄道などの運行系ネットワークは外部に接続していないため、サイバー攻撃はかなり困難です。

　とはいえ、今後も絶対にないとも言いきれません。普段からセキュリティに関する情報を収集し、どんな事故が起こる可能性があるか考えておくことも重要でしょう。

※2　ホワイトハッカー（⑫ 参照 ）が製品の未発見の脆弱性などについて調査した結果を発表する会議のこと。アメリカで開催されるDEFCONやBlackHatが有名です。

6 ネットショップで買いものできなくなる

　　　いまや書籍だけでなく、生活用品や家電までもがネットショップで購入できる時代となりました。スマホでも注文でき、早いものは注文した当日に届きます。ネットショップなどのインターネットを経由したサービスは、日常生活において必須のものとなりつつあります。

　ところが、そのような**ネットショップやサービスが使えなくなるという事態がしばしば起きています。**その原因の1つは、**サーバー**[※3]**をダウンさせアクセスできなくするDoS攻撃**です。

※3　サーバーとは、サービスを提供する側のコンピューターのことです。サーバーがダウンすると、オンラインサービスは停止してしまいます。

▲ Dos攻撃の構造

DoS(Denial of Service)**攻撃**は、**サービス妨害攻撃**ともよばれるサイバー攻撃の代表例です。この攻撃は、標的となるサーバーに対して負荷を与え、ネットワークや処理を過負荷にさせることでアクセスできなくしたり、サーバーをダウンさせたりします。負荷を与えるわかりやすい方法として、大量のメールを送りつける**メールボム**や、Webページを更新するショートカットキーであるF5キーを連打する**F5攻撃**などがあります。

DoS攻撃は、大量にアクセスしてくる相手を遮断してしまえば防御できます。しかし、攻撃してくる相手が大量にいると話が変わってきます。大量の端末から同時に行うDoS攻撃のことを**DDoS攻撃**といい、これは特定の通信を遮断するだけでは防御できません。

DDoS攻撃の代表的な事例として、2022年に行われたクラウドサービス事業者に対する攻撃が挙げられます。この攻撃では、DeepL、Discord、Spotifyなどの多くの有名なサービスが、一時的に接続できなくなりました。

Dos攻撃によるサーバーダウンは、ユーザーにとって不便なだけでなく、サービス事業者にとっては**機会損失**であり、**金銭的な被害も発生し得るもの**です。それだけでなく、場合によっては**イメージダウンにつながる恐れ**もあります。DoS攻撃については、(51)でくわしく説明します。

7 ペースメーカーが
勝手に操作される

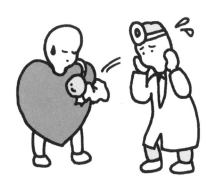

医者がその場にいなくても患者の状態確認や遠隔治療が行える、ネットに接続できる医療機器が増えてきました。便利である一方で、ほかのITシステムやIoT機器と同様、サイバー攻撃を受けるリスクも高まっています。医療機器への攻撃は、**発生し得る被害が深刻**な点が特徴です。

2008年、あるペースメーカーとICD（植え込み型除細動器）に、**患者情報・診療情報・機器設定を変更する攻撃が可能**だと学会で発表されました。

この機種は、ネットワークを経由して、遠隔でこれらの情報や設定の参照や変更が可能です。このネットワークを経由して、攻撃者が情報の取得や意図しない変更設定を行えるのです。

　患者の情報の書き換えは、ICDを管理する医師の誤診を招く危険があります。また、設定を変更することにより、意図しない誤作動を誘発し、患者の生命に危険がおよぶ可能性があります。

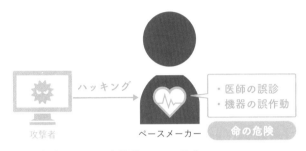

▲ 攻撃者による医療機器の不正操作

　さらに2012年には、ペースメーカーやICDに対するサイバー攻撃によって**830Vもの電流を流せる**ことも学会で報告されました。東京技能者協会によると**人の致死電圧は25V〜50V**なので、**830Vは非常に危険な値**です。

　幸いなことに、2023年現在、これらの攻撃は行われていません。しかしサイバー攻撃によって実際に医療機器が操作されれば、人命に危険がおよぶ可能性があります。

　ここまで述べてきたように、**サイバー攻撃による被害は多岐にわたります。**公共交通機関への攻撃のように個人の努力では防ぎようがないものもある一方で、物理的要因による個人情報の流出など、個人の行動1つで防げるものもあります。

　Chapter 2では、サイバーセキュリティについてより知識を深め、防げる被害は確実に防ぐために、攻撃者の手口を確認していきます。

テレワークのセキュリティ対策

　テレワークはさまざまなメリットをもつ働きかたですが、セキュリティ上、注意したほうがよい点がいくつかあります。

　まず、家族などと暮らしている場合、**仕事用のパソコンは自分以外が使用できない**ようにしましょう。悪意がなくても事故は起こりえます。仕事以外のときは電源を落としたうえで持ち出せないよう**物理的なロック**を施し、仕事中に離席する場合は**ロック画面**（Windowsなら**Windows キー**＋**L キー**で設定可能）に切り換えましょう。離席時のロックは、事故防止のために、テレワークでなくても習慣づけたいことです。

　また、**公衆無線 LAN は使わない**ようにしましょう。セキュリティが甘いものもあり、盗聴やデータ流出などの危険性があるためです。自宅の Wi-Fi も、もしいままでルーターの設定を確認したことがないのであれば、「接続機器の制限や暗号化をする」「ID とパスワードが初期設定のままの場合は変更する」などの対応を行いましょう。

　さらに、**私物の外部デバイスは仕事用のデバイスに接続しない**ようにしましょう。いずれも情報流出のおそれがあります。テレワークのセキュリティは警視庁や総務省の Web サイトにくわしい資料があるので、読んでみることをおすすめします。

- **警視庁｜テレワーク勤務のサイバーセキュリティ対策！**：
  https://www.keishicho.metro.tokyo.lg.jp/kurashi/cyber/joho/telework.html
- **総務省｜テレワークにおけるセキュリティ確保**：
  https://www.soumu.go.jp/main_sosiki/cybersecurity/telework/

2 サイバー攻撃の手口を知ろう

サイバー攻撃には、いくつかの典型的な手口があります。ここでは、そういった手口を学んだのち、攻撃の対象となる**脆弱性**について説明します。また、**Chapter 3**以降の技術的な話の前段階として、インターネットのしくみにも触れておきます。

8 攻撃は 騙すことから始まる

　サイバー攻撃というと、インターネットを経由して行われる情報技術を駆使した攻撃、という印象をもっている人が多いかもしれませんね。その印象は決して間違いではないのですが、それだけを警戒していると、足下を掬われる可能性があります。なぜならサイバー攻撃の第一歩は、**相手を騙す**という**デジタルのみに依存しない行為**だからです。

　サイバー攻撃において、「相手を騙す」ことはとても重要です。なぜなら、多くの人や企業は攻撃されたくないため、さまざまな防御手段を講じており、攻撃者はその防御を突破する必要があるからです。

身近な例でいえば、通販サイトへのログイン時はパスワードを入力する必要がありますし、PCには**セキュリティソフト**[※4]が導入されています。これらはすべて、悪意のある不正なアクセスに対する防御手段です。私たちは、こういった手段で日常的に攻撃を防いでいます。

▲ セキュリティソフトによる防御のしくみ

　さて、攻撃する側の立場で考えてみると、こういった防御体制はとても面倒なものです。ですから、この防御を無効化する必要が出てきます。そして、その無効化の手段には、デジタル技術を駆使したものもありますが、古典的な対面での詐欺や、物理的な窃盗も含まれるのです。

　パスワードもセキュリティソフトも重要な防御手段です。しかし、それだけを意識していると、思わぬ手段で防御を無効化される可能性があります。大事なことは**個々の防御手段自体ではなく、騙されないように気をつけること**です。そのためには、攻撃者が**具体的にどのような手段で防御を無効化するのか、知っておく必要があります**。

　ここからは、いくつかの**典型的な手口**をみていきましょう。

※4　ウイルス（⑪（参照））の感染予防や駆除、不正アクセスの拒否などの機能を搭載した、PCやスマホを保護するソフトウェアのこと。アンチウイルスソフト、ウイルス対策ソフトなどといった場合も、おおむね同じものを指します。コラム③でくわしく説明します。

9 典型的な手口① ソーシャルエンジニアリング

サイバー攻撃の典型的な例の1つが、ソーシャルエンジニアリングです。**ソーシャルエンジニアリング**とは、人の心や行動の隙をついて、デジタル技術を用いずに、個人が保有する情報を盗み出すことです。日本ネットワークセキュリティ協会では、次のように定義[5]されています。

> コンピューターの技術やネットワークの技術を利用するのではなく、侵入に必要なID、パスワードや、企業の秘密情報などを物理的手段（あるいは心理的手段）によって獲得する行為

---

[5]　「ソーシャルエンジニアリングとは」日本ネットワークセキュリティ協会：
https://www.jnsa.org/ikusei/04/14-01.html

ソーシャルエンジニアリングは、具体的には以下のような手口に分けられます。

- **物理的手段**
  - トラッシング
  - ショルダーハッキング
- **心理的手段**

　^(ぶつりてきしゅだん)**物理的手段**の1つが**トラッシング**です。トラッシングとは、職場のごみ箱などから重要書類やパスワードの書かれた紙を入手する方法で、映画でもよく取り上げられる有名な手口です。

▲トラッシングで重要な情報を入手する

　紙だけでなく、**PCやスマホなどのデバイスを不正に入手して個人情報やカード情報などを抜き取る**ことも、トラッシングといえるでしょう。こういった情報は、**不要になって処分したデバイスから漏れる危険性**があります。
　処分したデバイスに対するトラッシングを避ける手段は大きく分けて2つありますが、いずれも簡単ではありません。

① 　データを完全に消去する
② 　デバイスを物理的に破壊する

①の方法は、単にファイルを消去したり別のデータで上書きしたりしただけでは、専門のツールなどで復元される可能性があります。確実に消去するためには、専用の**完全消去ツール**が必要になります。

　②の方法は、どこをどれだけ破壊すれば確実に読み取れないようになるか、一般人が判断するのは困難です。また、破壊するためには道具が必要ですし、ガラスや金属片が飛び散ることがあるので、慣れない人が行うのは危険です。

　以上を踏まえて、デバイスを廃棄する際は**信頼できる専門業者に依頼するのが確実**です。スマホの場合はキャリアが下取りや破壊のサービスを行っていることもあるため、付近の店舗に確認してみるとよいでしょう。目の前で完全に破壊してくれるサービスなら、情報流出の心配をしなくて済みます。

　　引き取り・破壊

　　大手キャリア　　　　　　　使い終わったスマホ

▲ **不要なデバイスの下取り・破壊サービス**

　④で軽く触れたように、「情報漏えい」というとハッキングなどをイメージしがちですが、実のところ原因の多くは物理媒体に拠るものです。**情報漏えい事故の原因の１位は紙媒体で全体の29.8%**を占めますし、**PC・スマホ・USBなどのハードウェア紛失も合わせると47.8%**となり、インターネットやメール経由の事故よりも多い結果となります。

　2022年に兵庫県尼崎市で起きた、市民の個人情報46万件が流出の危機に晒された事故も、USBメモリの紛失によるものでし

た。サイバー攻撃から身を守るためには、物理媒体の適切な管理も重要なのです。

仕事で使うUSBは、万が一紛失してしまったとしてもデータが外部に流出しないよう、暗号化(㉖ **参照**)することをおすすめします。一部のWindowsでは、**BitLocker**という機能でUSB内のデータを暗号化できます。また、USBのサポートページで暗号化ソフトが配布されている場合がありますし、USB自体に暗号化機能が搭載されている場合もあります。後者は**セキュリティUSB**とよばれ、価格は高いですが、一般のUSBより安全です。

続いて、もう1つの物理的手段を確認してみましょう。人がパスワードを打ち込んでいる画面やキーボード操作を後ろから覗き込む、**ショルダーハッキング**です。

近年、電車やカフェなどの人が多い場所で仕事をしている人をよく見かけるようになりました。他人に見える状態でパスワードを打ち込んだり、機密情報の記載されたファイルを見たりすると、ショルダーハッキングの被害を受ける可能性があります。

最後に、**心理的手段**を確認しましょう。これは「正規職員になりすまして建造物に侵入する」「電話でパスワードを聞き出す」など、人の心理につけこんだ手口です。具体例として、子どもや孫、役所などになりすます手口を用いる**振り込め詐欺**が挙げられます。ほかにも、**会社のシステム部門やプロバイダなどを装ってパスワードなどを聞き出したりする**例もあります。こういった重要な情報は、安易に答えてはいけません。

いずれも専門的な情報技術を必要としない手口ですが、こういった手法でパスワードなどが盗まれて悪用される例があとを絶ちません。サイバー攻撃の始まりとして、こういった物理的・心理的な手段を用いた情報の窃盗がある可能性を、常に頭に入れておきましょう。

10 典型的な手口②
フィッシング

典型的な手段の2つめの例として、**フィッシング**が挙げられます。フィッシングとは、振り込め詐欺のような「誰かのふりをして電話をする」手口を、**「誰かのふりをしてメールを送る」**という手口に代えた**なりすまし**の手法です。フィッシングの目的は、たいていの場合、相手のログインIDやパスワードを不正に入手することです。

　たとえば、攻撃者がAさんのインターネットバンキングのIDとパスワードを入手したいとしましょう。この場合、その銀行になりすましたメールをAさんに送ります。文面は、「パスワードが誰かに悪用された疑いがあるので変更してほしい」「入金があったので確認してほしい」などの、もっともらしいものです。

これらは、いわゆる釣りの文句です。フィッシングという名前は、この相手を「釣る」行為からきています。こういった「釣り」の文面のあとには、たいていURLが載せられています。

　実は、このURLをクリックして移動する先は、正しい銀行のログイン画面ではありません。**攻撃者が用意した偽のサイト**です。しかしその偽サイトはたいてい本物そっくりに作られているので、利用者は気づかずにIDとパスワードを入力してしまいます。ところが、それは攻撃者が管理している偽サイトですから、**攻撃者にIDとパスワードを教えてしまう**ことになります。

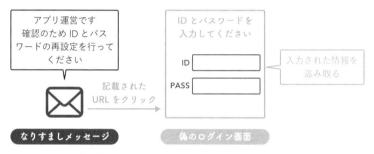

アプリ運営です
確認のためIDとパスワードの再設定を行ってください

記載された
URLをクリック

IDとパスワードを
入力してください

ID

PASS

入力された情報を
盗み取る

なりすましメッセージ　　偽のログイン画面

▲ フィッシングの流れ

　こうやって不正に入手されたIDやパスワードは、**闇市場**[※6]で**売買**されたり、**不正送金などに悪用**されたりします。

　なお、メールを利用したサイバー攻撃の手口はフィッシングだけではありません。特定の企業や組織を狙い撃ちする、**標的型攻撃**という手口もあります。フィッシングの文面は、サービスの利用者であれば誰が受け取ったとしてもおかしくない不特定多数を対象としたものです。一方、標的型攻撃の場合は、**対象とする組織向けに巧妙な作り込みがなされています**。取引先などと勘違いして添付ファイルを開くとマルウェアに感染してしまい、機密情報などが盗み出されてしまいます。

※6　インターネットには、検索に引っかからず通常の方法ではアクセスできない、**ダークウェブ**とよばれる領域があります。ダークウェブは、パスワードの売買などのような不正な取引の温床となっています。

11 典型的な手口③ マルウェア

典型的な攻撃手段の最後の例は、**マルウェア**です。マルウェアとは、感染したデバイスに不利益を与えるような悪意のあるプログラムの総称です。よく名前を聞くコンピューターウイルスやワームやトロイの木馬などは、マルウェアの一種です。

コンピューターウイルスは、自然界のウイルスと同様、**寄生する対象が必要**です。この場合はプログラムやファイルがウイルスの寄生対象になります。いったん寄生（感染）すると、自己増殖し感染を広げる活動を行います。

ワームも自己増殖しますが、**寄生対象は必要とせず単体のプログラムとして存在**できます。そのため、非常に増殖力が高く、しばしば大規模な被害をもたらします。過去には **Nimda**（ニムダ）や

マルウェア

悪意あるプログラムの総称
感染すると情報流出やデータ破壊の恐れがある

ウイルス

・プログラムに寄生する
　（宿主を必要とする）

・自分で自分を複製して
　増殖する

ワーム

・単独で存在可能
　（宿主を必要としない）

・自分で自分を複製して
　増殖する

トロイの木馬

・単独で存在可能
　（宿主を必要としない）

・自己増殖しない

・正常なプログラムを
　装って侵入する

▲ マルウェアの分類

Code Red とよばれるワームが大増殖し、問題になりました。

トロイの木馬は、なんらかの**無害なプログラムを装ってダウンロードさせ潜伏したのち攻撃を行うマルウェア**です。トロイの木馬という名前は、かつてのギリシャ軍が、木馬に隠れて戦力をトロイアに持ち込んだ話に由来しています。偽装したプログラムに隠れてスパイ活動（情報収集）を行う**スパイウェア**などが、これにあたります。③で紹介したランサムウェアはメールの添付ファイルを装って持ち込まれることが多く、その経路に関してはトロイの木馬型といえます。

　マルウェアの感染経路はいくつか存在しますが、ここでもメールがよく使われています。仕事のメールなどを装って、添付ファイルつきの形式で送られてくるのです。**メールを受け取った人が添付ファイルを開くとマルウェアに感染してしまう**、というのが典型的なメールでの感染経路です。

mail

title **先日お願いいたしましたプロジェクトについて**

From torihikisaki@sigotomail.com
To　　higaiwouketa@gyoumumail.com

📄 tenpu.docx

関係各位

いつもお世話になっております。

表題につきまして、先日ご相談いたしました案件に仕様変更がございました。
添付ファイルに要点をまとめましたので、大変恐縮ですが、ご確認いただけますと幸いです。
弊社の不手際にて、ご迷惑をおかけしてしまい申し訳ございません。

▲ メールでマルウェア感染に誘導する

　この手法は、近年大流行しているというマルウェアや、数年前に大きな被害を出したWannaCry(③ 参照)などに感染させる手口として使われています。⑩で触れた標的型攻撃でも、こういったマルウェアに感染させるために取引先などを装ったメールが送られてきます。

　さて、さきほど「添付ファイルを開くと感染してしまう」と書きましたが、多くの場合、ただWord などの添付ファイルを開くだけではマルウェアには感染しません。開いたうえで**マクロを有効にする**と感染してしまうのです。この「有効にする」操作もメールで巧みに誘導されるため注意が必要です。

　マルウェアへの感染やフィッシングへの誘導を狙ったメールには、「緊急」「○時間以内」など、相手を急がせるような期限が設けられているものもあります。送り先の確認が取れない場合、急かすような内容のメールはとくに警戒しましょう。

ほかにも、載せられていたURLをクリックすると、リンク先で「このコンピューターは安全ではありません」などの警告が出る場合があります。その警告でセキュリティソフトをインストールするよう勧めてくるのですが、もちろんそれは**セキュリティソフトではなくマルウェア**です。ダウンロードしたりインストールしたりしてはいけません。

　こういったマルウェアに感染しないようにするには、次のような行動を心がけるといいでしょう。

- PCやスマホの**ＯＳ**^{オーエス}[※7]に最新のセキュリティパッチ(⑬**参照**)を適用して、常に**最新の状態に保つ**
- メールの送信元アドレスが既知のもの、あるいは信頼できるものか確認し、**あやしいメールは開封しない**
- 信頼できる送信元以外から送られたメールの**添付ファイルはダウンロードも実行もしない**
- 信頼できる送信元以外から送られたメールに記載されている**Webサイトのリンクはクリックしない**
- 信頼できる製造元以外の提供する**アプリケーション**(アプリ)**を不用意にインストールしない**

　メール添付で仕事用のファイルを共有している人も多いと思うので、ただちに添付ファイルをまったく利用しないようにするのは難しいでしょう。ただ、取引先や登録サービスからのメールを装ったマルウェアの送付はサイバー攻撃の典型例のため、よく注意しないと騙されて感染してしまいます。

　添付ファイルは原則として開かない、どうしても開かなければならない場合は送信元やURLを必ず確認するというクセをつけてください。

※7　**Operating System**の略。PCであればWindowsやmacOS、スマホであればiOSやAndroidなどの、その端末における最も基本的なシステムのこと。

12 ハッキングってなんだろう?

　こまで、攻撃者がユーザーを「騙す」手段を紹介してきました。これは、攻撃対象となる「人」に着目したサイバー攻撃の手口です。それでは、「人」ではなく「システム」に着目した攻撃はどんなものなのでしょうか。

　「システム」に着目した攻撃の典型例は、**ハッキング**です。ハッキングとは、もともとはコンピューターやソフトウェアなどの構造を解析したり、改造したりする行為を指す言葉で、ハッキングをする人を**ハッカー**とよんでいました。この言葉が生まれた当初は、ハッカーは高度な技術をもつ人と捉えられ、ハッキング行為自体も善意によるものや悪戯程度のものでした。

しかし、インターネットやマルウェアが急速に普及するに従って、ハッカーの悪意による行為（マルウェアを作りばらまくなど）が目立つようになり、ハッキングやハッカーという言葉自体が悪い意味をもつようになりました。

情報分野では、いわゆる闇落ちしていないハッカーは**ホワイトハッカー**とよび、悪意によるハッキングは**クラッキング**、クラッキングを行う者は**クラッカー**とよんでいますが、これらの用語はあまり浸透していないようです。いまでも「ハッカー＝悪」というイメージをもつ人は多いのではないでしょうか。

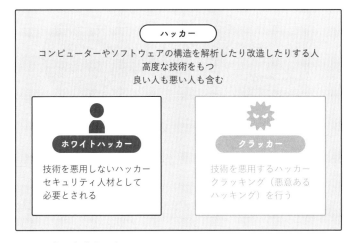

```
┌─────────────────────────────────────────────┐
│              ［ ハッカー ］                    │
│  コンピューターやソフトウェアの構造を解析したり改造したりする人  │
│              高度な技術をもつ                  │
│            良い人も悪い人も含む                │
│  ┌──────────────┐    ┌──────────────┐       │
│  │ ［ホワイトハッカー］│    │ ［クラッカー］  │       │
│  │ 技術を悪用しない  │    │ 技術を悪用する   │       │
│  │ ハッカー        │    │ ハッカー        │       │
│  │ セキュリティ人材と │    │ クラッキング     │       │
│  │ して必要とされる  │    │（悪意ある        │       │
│  │                │    │ ハッキング）を行う │       │
│  └──────────────┘    └──────────────┘       │
└─────────────────────────────────────────────┘
```

▲ ハッカーとクラッカー

しかし、サイバー攻撃に対する防御にも高度な技術が求められる昨今、ホワイト側のハッカーもセキュリティ人材として必要とされています。⑤の脚注で紹介したDEFCONなどの大会では、このようなハッキング技術を競う **C T F**（**Capture The Flag**）という競技も盛んに行われており、日本人のチームも上位に入賞しています。

13 脆弱性ってなんだろう？

ハッカーがシステムを攻撃するときに着目するのは、**脆弱性**です。サイバーセキュリティの文脈以外ではあまり聞かない言葉ですが、システムの弱点ともいえる重要な概念です。

脆弱性とは、**セキュリティホール**ともよばれる、システムやソフトウェアの欠陥やバグの一種です。通常のバグとの違いは、バグが単に「**仕様**※8 にない挙動」「仕様とは異なる挙動」であるのに対し、脆弱性は**なんらかの悪意による攻撃を受けた場合に、仕様にない挙動や仕様とは異なる挙動をすること**を指します。

※8　仕様とは、システムやソフトウェアの機能・性能・動作などをまとめた設計書のようなものです。システムなどの開発は、仕様をまとめた仕様書に沿って行われます。

バグ	脆弱性（セキュリティホール）
システムやプログラムにおける 不具合や欠陥の総称	特定の攻撃を行った場合にのみ 発現する不具合や欠陥
・仕様に沿わない挙動をする ・必ずしもサイバー攻撃の 　対象になるわけではない	・サイバー攻撃の対象となる ・サイバー攻撃を受けた場合に 　意図しない挙動をする ・仕様どおりの挙動であっても 　サイバー攻撃に対する弱点と 　なりうる場合は脆弱性となる

▲ バグと脆弱性の違い

　脆弱性とバグの違いについて、簡単かつ正確に説明することは難しいのですが、ここでは「欠陥があった場合の見つけやすさの違い」として説明しましょう。

　バグは脆弱性よりも広い概念です。バグがあるときプログラムは仕様と異なる挙動をするため、脆弱性より比較的見つけやすいといえます。

　一方、**脆弱性は「特殊な攻撃を行った場合」のみ発現するもの**、すなわちアリババの物語における「特殊な呪文を唱えなければ開かない扉」のようなものです。扉を開けるために正しい呪文を要求されるように、脆弱性の有無の検出には脆弱性によって仕様にない挙動をするための攻撃が必要となります。しかし、**すべてのサイバー攻撃の可能性をあらかじめ予測して対策することは不可能**なため、**脆弱性を完全に排除することも不可能**です。

　攻撃者が常に新しい攻撃を考え出すことも脆弱性の完全排除が難しい理由の1つです。新しい攻撃手法は、しばしば従来の防御をすり抜けてしまいます。つまり、新しい攻撃ができる以前には脆弱ではなかったものの、**攻撃ができて以降は脆弱になってしまう**、というケースがあるのです。

以上2つの理由から、脆弱性への対策は、プログラムや製品の完成後も継続的に行う必要があります。その典型的な例が、**セキュリティパッチ**（**更新**）です。

　Windows OSを使っているみなさんは、毎月「更新があります」という通知を受け取っているかと思います。常に新たな脆弱性が発見されるため、毎月それに対応したWindowsの更新データが配布されているのです。WindowsにかぎらずmacOSでも同じですし、スマホのAndroid OSやiOSでも同じです。

　パッチを更新せずに放置しておくと、攻撃に晒されやすいデバイスになってしまいます。OSのバージョンの更新があったら、必ず適用する（更新する）ことをおすすめします。

　また、**OSにはサポート期限があります**。これは開発元が安全に利用できるようメンテナンスを続ける期間のことで、サポート期限が終了した場合は、セキュリティパッチの配布などが行われなくなります。つまり、**サポートの終了したOSはサイバー攻撃に対して脆弱**になってしまいます。

　Windowsであれば、2023年10月時点で、8までのサポートは終了しています。サポート期限切れのOSの使用は避けるようにしましょう。

▲ セキュリティパッチを最新に保とう

マルウェアに感染してしまったら

マルウェアには感染しないのが一番よいのは言うまでもありませんが、万が一感染してしまったら、以下の手順で対処しましょう。

1. セキュリティソフトで**感染の有無を診断**する
2. 感染していた場合、**ネットワークを切断**する
3. セキュリティソフトで**マルウェアを除去**する
4. 除去できない場合、**デバイスをリセット**する
5. 解決しない場合、メーカーやセキュリティソフトの**サポート窓口などに相談**する

まず、本当に感染しているか診断する必要があります。**セキュリティソフトで検査を実行**すれば、端末をスキャンして感染の有無を教えてくれます。

診断の結果、感染していた場合は、まずは感染を広げないためにPCやスマホの**ネットワーク接続を切断**します。次に、セキュリティソフトを用いて**マルウェアの除去**をします。

ただし、マルウェアの妨害により除去できないこともあります。また、ランサムウェアに感染してしまった場合、ファイルが暗号化されて正常に動作しないことがあります。そのような場合は、いったん**PCやスマホをリセット**（工場出荷時の状態に戻す）します。リセットはたいてい、設定画面から行うことができます。リセットしても感染前のバックアップがあれば復元可能なので、常日頃からバックアップは取っておくようにしましょう。

もちろん、自力で除去や復元ができないこともあります。その場合は、**販売元やメーカーやセキュリティソフトのサポート窓口**（コラム3 **参照**）**に相談**するとよいでしょう。

14 脆弱性を悪用する攻撃

シ ステムやソフトウェアに脆弱性という穴がある場合、攻撃
者はその穴をついて、システムへの侵入・制御奪取・マル
ウェア感染などを試みます。このように脆弱性を悪用して攻撃を
行うことを、**エクスプロイト**といいます。

脆弱性を悪用する攻撃
エクスプロイト → 脆弱性

▲ 脆弱性を悪用するエクスプロイト

エクスプロイトの危険な例として、**ゼロデイ攻撃**があります。
⑬で述べたように、システム開発時に脆弱性をすべて発見する

ことは不可能です。また、攻撃側の進化により脆弱性が新たに生まれることもあります。そのため、脆弱性は「完全に排除する」のではなく「発見し対応する」ことが求められます。

日本では、発見された脆弱性はＩＰＡ（情報処理推進機構）に届出が行われ、JPCERT/CCという脆弱性の調整組織から開発元などに修正の働きかけなどが行われます。これによりプログラムや機器の提供者は脆弱性への対処を行い、セキュリティパッチのような形でユーザーに改善手段を提供します。こういった脆弱性やその対処の情報は**脆弱性データベース**[9]などで公開され、開発者のあいだで共有されてより安全なシステム開発に活かされています。

ところが、対処が行われる前に、その脆弱性に対するエクスプロイトが行われてしまう場合があります。

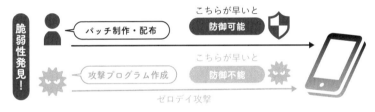

▲ 脆弱性とゼロデイ攻撃

脆弱性が発見されてから対処が行われるまでの期間を**ゼロデイ**（**zero day**）とよび、この期間に行われる攻撃をゼロデイ攻撃とよびます。ゼロデイ攻撃には対抗策がないので、プログラムや機器は攻撃され放題になってしまいます。

エクスプロイトの技術にはさまざまなものがあり、脆弱性の形態によっても異なります。攻撃に使われる技術については、Chapter 5を参照してください。

※9　代表的な脆弱性データベースとして、JPCERT/CCとIPAが共同運営している**JVN**（Japan Vulnerability Notes）があります。https://jvn.jp/

15 インターネットを支える プロトコル

　　のChapterでは、サイバー攻撃の手口や典型例などを説明してきました。最後に、私たちの生活のインフラであり、かつサイバー攻撃に利用される舞台でもある、**インターネットのしくみ**を簡単に確認しておきましょう。Chapter 3以降は技術的な話も出てくるので、軽く目を通しておいてください。

　Webサイトの閲覧やメールの送受信、SNSへの投稿などは、スマホでもタブレットでもPCでも、デバイスの種類や機種を問わず行えますね。これは、インターネットの基盤である<ruby>T C P<rt>ティーシーピー</rt></ruby><ruby>/I P<rt>アイピー</rt></ruby>**プロトコル**があるからです。

プロトコルとは、通信の手順や決まり定める規格です。「**こういった順番でやりとりをしましょう**」**という約束**だと思ってください。たとえばWebサイトを閲覧するとき、私たちはURLをクリックしたり、ブラウザ[10]に直接URLを入力したりします。このとき、ネットワーク内部では、以下のような**リクエスト**と**レスポンス**の手続き（プロトコル）が行われています。

▲ プロトコルの一例

「**リクエストに対してはレスポンスを返す**」**というプロトコル**があるからこそ、インターネットは成立しています。サイバー攻撃もそれに対する防御も、このプロトコルのうえに成り立っています。

インターネットを支えているプロトコルはたくさんあるのですが、そのなかで最も代表的なものがIPプロトコルとTCPプロトコルです。まずはIPプロトコルを見ていきましょう。

PCやスマホやスマートスピーカーなど、インターネットにつながるデバイスは、それぞれ固有の**IPアドレス**という住所をもっています。そして、そのIPアドレスを目印として、情報のやりとり＝通信を行っています。このIPアドレスに関する決まりごとが、**IPプロトコル**です。

※10　ブラウザとは、インターネット上のWebサイトを閲覧するときなどに使うアプリケーションのこと。Microsoft Edge、Google Chrome、Safariなどが代表的です。

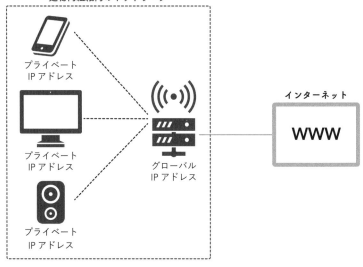

建物内組織内のネットワーク

プライベート
IPアドレス

プライベート
IPアドレス

グローバル
IPアドレス

プライベート
IPアドレス

インターネット

WWW

▲ IPアドレスのしくみ

IPアドレスには、建物内や組織内で通用するIPアドレス(**プライベートIPアドレス**)と、全世界で通用するIPアドレス(**グローバルIPアドレス**)の2種類があります。プライベートIPアドレスが電話における内線番号、グローバルIPアドレスが一般的な電話番号と考えるとわかりやすいかと思います。IPプロトコルに従うことで、リクエストやレスポンスを正しい相手と行えるようになります。

さらに、**TCP**という共通の決まりに従うことで、誰とでも、さまざまな種類の通信を行えるようになります。これが**TCPプロトコル**です。**TCP**(Transmission Control Protocol)とは、通信がうまくいかなかったときにデータを再送するしくみや、エラーを訂正するしくみを備えた、信頼性の高い通信プロトコル群の総称です。

私たちが**Webサイトを見るときに使われるHTTP/HTTPSプロトコル**や、**メール送信に用いられるSMTPプロトコル**といったさまざまな通信規格は、TCPプロトコルによって定められています。

　HTTPSやSMTPの詳しい説明は省きますが、これらのおかげで「自分が閲覧したサイトが外部に漏れない」「自分が送信したメールの文面が勝手に書き換えられることなく送りたい相手に届く」といった、当たり前の情報通信が成立しているんだな、と考えてもらえれば大丈夫です。

▲ TCP/IPにもとづいて「当たり前の情報通信」が成立している

　TCPプロトコルとIPプロトコルを組み合わせたものを、**TCP/IP**とよびます。TCP/IPは、指定したIPアドレスの相手とTCP通信を行うことができる、ネットワークの基本技術です。

　ここでは詳細は述べませんが、より深く知りたい方はTCP/IPに関する入門書が多数出版されているので(たとえば、『マスタリングTCP/IP入門編(井上直也等 共著、オーム社)』)、そちらを参照してください。

16 TCP/IPがもたらす メリットとデメリット

TCP/IPによって、私たちは通信内容や自分の情報が流出する心配をせずに、インターネットというインフラを利用できています。しかし、インターネットがもたらすものは便利さだけではありません。

TCP/IPは認証（㉒ 参照）が不要なプロトコルなので、匿名による情報発信が可能です。たとえば2010年〜2012年に起きたアラブ諸国の民主化運動「アラブの春」では、SNSによる匿名の情報発信が大きな役割を果たし、運動を後押ししたといわれています。

しかし、匿名性は利点と成り得る一方で、攻撃者が自分の正体を隠すことにも利用できてしまいます。匿名性を悪用したサイバー攻撃の例として、2012年〜2013年に起きた**遠隔操作事件**があります。この事件では、何者かによって一般の人のコンピューターが遠隔操作され、あたかもその人が掲示板に脅迫の書き込みをしたかのように偽装されてしまいました。

▲ 匿名性を利用して他人のコンピューターを遠隔操作する

他人を加害者に偽装するケース以外にも、たとえば**マルウェアは誰かがばらまくと自動的に感染が広がっていく**ため、**匿名性により攻撃元の特定が困難になってしまいます。**

匿名性だけでなく、インターネットの「世界中に一瞬で情報を拡散できる」という特性も、ときにはデメリットになりえます。マルウェアは爆発的な速度で拡散されますし、**漏えいした機密情報が一瞬にして全世界に広がってしまう**こともあります。

いったん情報がインターネット上に漏れてしまうと、消そうとすることで、かえって注目を集めてしまう（**ストライサンド効果**）場合もあります。**Wayback Machine**[※11]などのWebサイトの情報を保存するサービスによって、削除したはずの情報が閲覧可能になっていることも珍しくありません。

インターネットは非常に便利ですが、その便利さはデメリットにもなりうる、というリスクを覚えていてください。

※11 アメリカの非営利団体Internet Archiveが運営するサービス。誰でも自由に利用可能で、Webページを保存することができます。https://archive.org/web/

セキュリティソフトの選びかた

セキュリティソフトには、以下の2つの種類があります。

● OSに付随する機能として提供されているもの
● 独立した製品として販売されているもの

前者は、Windowsの **Microsoft Defender**（マイクロソフト ディフェンダー）が代表的です。Windows OSのPCなどを購入したら最初から入っているソフトで、マルウェアの検知や防御などができます。ファイアウォールもMicrosoft Defenderからオン／オフを切り換えられるようになっています。

後者は、専門の企業が製品として販売しているものです。ウイルスバスター・ノートン・マカフィー・カスペルスキー・ESETなどが有名です。WindowsのPCを普通に使っているだけならMicrosoft Defenderだけで十分という意見もありますが、専用のソフトたちは迷惑メールのチェックなどより広い範囲をカバーしているほか、**チャットなどでサポートを受けられます**。最近のセキュリティソフトは、1つ購入すると複数のデバイスに適用できるものが多いので、PCとスマホとタブレットそれぞれに導入する、といったことも可能です。

どれを選べばいいのか、という判断はなかなか難しいものですが、たとえば **Av-Comparatives** というサイト（https://www.av-comparatives.org/）は、各ベンダーとは独立に、第三者的立場から各製品のマルウェア検知テストを行って結果を公開しています。そういった客観的な指標を参考にするとよいでしょう。

3 サイバーセキュリティの基本的な考えかた

攻撃の手口や具体的に生じる被害を理解できたところで、それらを防ぐための対策について学んでいきます。まずはサイバーセキュリティの意味を確認し、セキュリティを成立させるための基本要素や、設計における考えかたを紹介します。

17 情報セキュリティと サイバーセキュリティ

Chapter 1 と Chapter 2 では、サイバーセキュリティがな ぜ必要なのか、サイバー攻撃の例を見ながら説明してきま した。ここからはサイバーセキュリティのしくみや技術を見てい くのですが、具体的な説明に入る前に、「サイバーセキュリティ」 という言葉をきちんと定義しておきましょう。

　まずは、**セキュリティ**という言葉からです。一般に、単にセ キュリティといった場合、**盗難や傷害といった人為的に起こされ る攻撃から、個人や組織、またその財産の安全を守ること**を指し ます。家の防犯や警備サービスなどは、セキュリティの典型例と いってよいでしょう。

では、サイバーセキュリティはどうなるのでしょうか？　それを考える前に、いったん情報セキュリティの定義を確認しておきましょう。

情報セキュリティは、単にセキュリティといったときよりも狭い範囲を指す言葉で、定義は次のとおりです。

情報の機密性、完全性、可用性を維持すること

機密性、完全性、可用性という聞き慣れない言葉が出てきましたが、これらは⑱でくわしく説明します。ここでは、3つ合わせて「安全に保つ」くらいの意味だと理解してください。つまり、情報セキュリティの定義は「情報を安全に保つこと」となり、情報の保護に特化した概念であることがわかります。

この定義は、情報セキュリティマネジメントの標準である
I S O / I E C 2 7 0 0 1（アイエスオー　アイイーシーニーナナゼロゼロイチ）で定められています。ISO（International Organization for Standardization）は**国際標準化機構**（こくさいひょうじゅんかきこう）、IEC（International Electrotechnical Commission）は**国際電気標準会議**（こくさいでんきひょうじゅんかいぎ）を指します。ISOとIECは、どちらも国際規格を定める機関です。

国際規格（こくさいきかく）とは、国際的に取引されるさまざまなものが一定の品質を保てるように定められた、国際的な基準です。たとえばクレジットカードは世界中で同じ大きさをしていますが、これはISO規格で定められているからです。さきほど述べたISO/IEC27001は、ISOとIEC両方によって定められた、情報セキュリティの指針となる規格です。

▲ ISOとIECが情報セキュリティの規格を定めている

の中のテキスト：

| ISO 国際標準化機構 | IEC 国際電気標準会議 | 共同で策定 → | ISO/IEC 27001 情報セキュリティ マネジメント標準 情報セキュリティの 指針となる国際規格 |

では、情報セキュリティが保護する「情報」とはなんでしょうか？　**情報**とは、狭義ではコンピューターで扱えるデータのことを指しますが、広義では**なんらかの内容を伝える文字、記号、図表など**を指す言葉です。

　たとえば、ある人の個人情報が入力されたデータはもちろん「情報」ですが、ある人の個人情報が書かれた紙もまた「情報」です。同様に、新製品の企画書のデータは「情報」ですし、その企画書の内容を誰かにプレゼンしているときの発言も「情報」です。

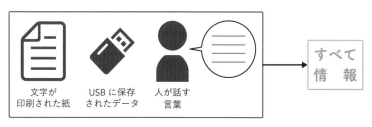

文字が
印刷された紙　　USB に保存
　　　　　　　されたデータ　　人が話す
　　　　　　　　　　　　　　言葉

すべて
情　報

▲ 多様な「情報」

　このように、情報という言葉が指す範囲はとても広く、必然的に情報セキュリティで保護されるべきものも広い、と考えられます。一般に、情報セキュリティというと「コンピューターで扱えるデータを保護すること」をイメージすると思いますし、その意味で使われることが多いですが、情報セキュリティの参考書にはそれ以外の内容——たとえば ⑨ で述べたソーシャルエンジニアリングへの対策も含まれています。

さて、続いて**サイバーセキュリティ**を定義しましょう。こちらは ISO のような規格による定義はありません。「サイバー攻撃」や**サイバー空間**※12 という言葉が浸透するとともに、「情報セキュリティ」に変わるバズワードとして広まった言葉です。

サイバーセキュリティが情報セキュリティのバズワード版であるならば、この2つの言葉には大きな差異はないと考えても問題なさそうです。しかし、言葉の意味から厳密に考えるならば、「情報セキュリティ」のうち**攻撃・対策・保護対象などがサイバー空間に関わるものがサイバーセキュリティ**だといえるでしょう。

「サイバー空間に関わるもの」はコンピュータで処理できるデータが中心と考えられますが、IoT（① 参照）の一般化で車や家電などの物理的機器もネットワークにつながり Dos 攻撃の対象となりうるため、これらも「サイバー空間に関わるもの」と捉えることにします。

この本では、サイバーセキュリティを**サイバー空間において情報やサービス、機器などの機密性、完全性、可用性を維持すること**と定義します。情報セキュリティと明確に使い分けられている言葉ではありませんが、この本では、情報セキュリティと比較してより限定的な言葉として使用します。

たとえば「個人情報の保護」は、「情報セキュリティ」の範疇にある課題です。これには、個人情報が印刷された書類を施錠されたキャビネットに適切に保管することも含みますし、データベースに適切に保管することも含みます。一方で、サイバーセキュリティの場合は後者を扱う、ということです。

以降、サイバーセキュリティに使われている技術や、攻撃の具体的な方法などを紹介していきます。

※12　インターネットのように、コンピューターとネットワークで作られた仮想的な場のこと。インターネットだけでなく、社内ネットワークなどもサイバー空間の一種です。

18 CIA＝機密性・完全性・可用性

さて、「セキュリティが保たれている状態」とは、具体的にどういう状態を指すのでしょうか。情報セキュリティ関連の用語定義などが行われている**ISO/IEC 27000**[※13] では、以下の3つを満たしている状態だと定められています。

1. **機密性**（Confidentiality）
2. **完全性**（Integrity）
3. **可用性**（Availability）

[※13] 情報セキュリティに関する国際規格はISO/IEC 27000やISO/IEC 27001（⑰参照）以外にも50ほど存在し、それらはまとめて**ISO/IEC 27000シリーズ**とよばれています。シリーズのなかで最も若い番号であるISO/IEC 27000では、用語などの定義づけが行われています。それ以降の番号では、さまざまな状況や分野に応じた具体的な規格が定められています。

この機密性、完全性、可用性の3要素の英語の頭文字を合わせて、**情報セキュリティのＣＩＡ**とよびます。機密性は**情報の内容が正当な関係者以外に漏れない状態**を、完全性は**情報が意図しない形で改変されず一貫性を保っている状態**を、可用性は**情報が適切な用途に用いることができる状態**を指します。

セキュリティの分野では、機密性・完全性・可用性の3要素を保つことで情報の安全が成り立っている、と考えます。一般的にはこの3要素を覚えていれば十分ですが、ISO 27000では、新たに**真正性**、**責任追跡性**、**否認防止**、**信頼性**の4つを加えた7要素が定められているので簡単に触れておきます。

真正性とは、その対象が本物であることです。

責任追跡性とは、情報に対する閲覧や変更など、なんらかの行為を行った人を追跡できることです。情報漏えいや改ざんなどが起きてしまったときに、誰がそれを行ったのかを追跡できるようにしておくことを意味します。

否認防止は、取引や操作をしたという事実を否定できないようにすることです。たとえば、ネットショッピングで商品を買ったもののお金を払いたくないので「自分は注文していない」と言い出した人がいるとします。これが通用すると困ってしまうので、注文の事実を正しく確実に記録し否認されないようにする、あるいはされても証拠を示して反論できるようにする必要があります。これが否認防止です。

信頼性は、処理や操作が実行される確実性のことです。この概念は、情報セキュリティ以前の物理的な製品開発が始まった時代からあるもので、たとえば「自動車が故障せずに安定して走る」といった性質を、情報分野にも当てはめたものです。

サイバーセキュリティの基本的な考えかた

⑲ 機密性

機密性（Confidentiality）とは、**必要とされる人だけが情報にアクセスできること**を指します。機密性が保持されていると、その情報は不正な改ざんや削除を受けつけません。

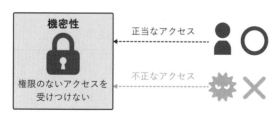

▲ 情報の機密性

機密性を満たしている状態とは、たとえば「**データベースにアクセスできる権限**が、**必要な人にだけ必要な段階まで付与されている**」といった状態です。逆に満たされていない状態を考えるならば、企業で起こりやすい例としては、「退職した社員のアカウントがずっと残っていて、そのアカウントで社内システムにアクセスできてしまう」「部長に与えられた編集権限をもつアカウントを、部内で共有してしまっている」などが考えられるでしょう。

こういった管理不備以外にも、次のようなサイバー攻撃によって機密性が損なわれることもあります。

- **パスワードに対する攻撃**（㊽ ㊾ ㊿ 参照）
- **インジェクション攻撃**（(54) (55) (56) 参照）
- **バッファオーバーフロー攻撃**（(57) (58) (59) 参照）

これらの攻撃は、**不正アクセス**や**なりすまし**を引き起こします。不正アクセスとは、権限のない人がハッキングなどにより不正にデータにアクセスすることを指します。また、なりすましとは、フィッシングなどで手に入れた情報により正当な権利者になりすますことを指します。いずれもデータの流出・改ざん・破壊などを招くため、以下のような手段で防御を行います。

- **暗号化**（あんごうか）（㊱ 参照）
- **アクセス制限・アクセス制御**（㉔ 参照）

アクセス制限とは、必要な人のみがデータにアクセスできて、必要ない人はアクセスできないように制限をかけることです。アクセス制限を適切に行い、必要な人が必要なファイルにアクセスできて、そうでない人はアクセスできないよう管理することを、アクセス制御、あるいは認可とよびます。認可については㉔でくわしく説明します。

20 完全性

完全性（Integrity）とは、**情報が意図しない形で改変されない一貫性**のことを指します。完全性が保持されていると、情報は事故であるか故意であるかにかかわらず、不正に情報を改ざんされたり消去されたりすることがありません。

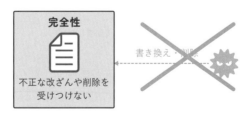

完全性

不正な改ざんや削除を
受けつけない

書き換え・削除

▲ 情報の完全性

　完全性がとくに重要である情報として、**取引の証跡**※14や**銀行などの口座情報**が挙げられます。たとえば、ある口座に100万

円の残高があったとき、完全性が保たれていないと残高が1万円に改ざんされてしまう可能性があります。これだけでも、完全性が重要な概念であることが伝わると思います。

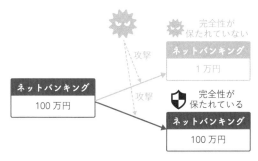

▲ 完全性がとくに重要な情報の例

　それ以外にも、重要な契約や取引情報、証明書などの場合、その内容が書き換えられてしまうことで、信頼などさまざまな面において問題が生じます。

　完全性に対する攻撃は、おおむね機密性に対する攻撃と同様に考えることができます。すなわち、さまざまな攻撃手法による**不正アクセス**や**なりすまし**です。これらの手段によって情報が不正に奪取され書き換えられることで、完全性が損なわれます。

　対策としては、機密性を保持するための対策と同様に、**暗号化**、**アクセス制限**、**アクセス制御**が考えられます。ほかにも、情報が変更されたら検知できるしくみである**電子署名**も対策として有用です。電子署名とは、署名した人が確かにその人であることや、内容が改ざんされていないことを保証するしくみです。企業間の契約書、仮想通貨の取引、行政サービスへの申請など、さまざまなシーンで活用されています。電子署名は、㊱で紹介する暗号の技術によって実現しています。

※14　証跡とは、証拠となるような痕跡を指します。ビジネスなどで広く使われる言葉で、証跡となるものは多様ですが、ITの分野においてはデバイスやシステムの利用記録などが該当します。

21 可用性

可用性（Availability）は、**いつでも適切な情報にアクセスできて、常に機能などが利用できること**を指します。

| 可用性 |
| システム利用 → |
| 必要なときに必要な機能が使える |

▲ 情報の可用性

たとえば、ある時間にチケットを販売するサイトは、負荷が集中してもダウンせずにチケットを販売し続けることが求められます。それが可用性です。**10時からチケットを販売開始するサイトが10時にサーバーダウン**してしまったら困りますね。これは「**可用性が損なわれた**」例だといえます。

　チケット販売サイトの例について、もう少し考えてみましょう。このサイトのユーザーのログインパスワードが改ざんされた場合、完全性の侵害だといえますが、同時に正当な利用者がサービスを利用できなくなるので、可用性の侵害ともいえます。可用性に対する攻撃として、次のようなものが考えられます。

- **DoS攻撃、DDoS攻撃**
  - サービス提供サーバーに集中アクセスしダウンさせる
- **ランサムウェア**
  - データを暗号化し使えなくする
- **インジェクション攻撃・バッファオーバーフロー攻撃**
  - サービスを不正に改ざんし利用不能にする

　可用性の侵害に対する対策は、次に挙げるものがあります。

- **サーバー増強**
  - 処理能力を増強しダウンしないようにする
  - Dos攻撃などを検知し遮断する
- **不正アクセスを検知、防止するソフトの導入**（28 参照 ）
  - 通信の正常性を保ち攻撃を検知する
- **マルウェア感染の予防**
  - セキュリティソフトを導入する
  - OSやアプリケーションを最新に保つ

22 認証ってなんだろう?

こまでの説明で、「サイバーセキュリティとはなにか」が把握できたと思います。ここからは、情報のCIAを維持してセキュアな状態を作るための手段を紹介していきます。まずは**認証**（にんしょう）です。

セキュリティ分野における認証とは、その人が**本人であるかどうかを確認する手続き**のことです。

このような認証は、日常生活の至るところで行われています。たとえば郵便局窓口で不在配達物の受け取りをする場合や、銀行の窓口で高額の引き出しをする場合は、身分証の提示を求められます。身分証の写真と窓口に来た人を比べて、本人かどうかの確認をしているのです。

Webサイトの**ログイン認証**でも、金融機関の窓口のように本人確認が行われています。ユーザーは、そのユーザーごとに割り当てられたID（ユーザー名）と、そのユーザーだけが知っているパスワードをもっています。ログイン認証では、IDとパスワードをユーザーに入力させて、その組があらかじめ登録されたものと一致しているかによって本人かどうかを確認しています。

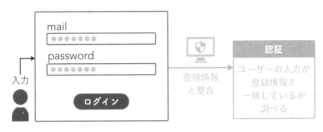

▲ ログイン認証のしくみ

　機密性や完全性を保持するためには、アクセス制限やアクセス制御（㉔ 参照）が必要となります。これらを正しく機能させるためには、アクセスを許可する相手が本当に本人か確認しなければなりません。認証はそのための手段で、セキュリティを保持する技術要素の1つだといえます。

　認証は、利用者にもメリットをもたらします。本人確認をすることで、その人に応じたサービスを受けられます。たとえばネット経由で銀行口座の残高確認が行えるのは、認証技術があるおかげです。もし本人確認をしていなかったら、他人が勝手に残高を見たり、サービス内容を変更したりしてしまうかもしれません。**認証はセキュリティを支える基礎技術**なのです。

23 認証の種類

■ グイン認証以外にも、認証にはさまざまな種類があります。大きく分けると以下の3種類になります。

1. **知識を使う認証**
2. **所持しているものによる認証**
3. **生体情報による認証**

　1つずつ見ていきましょう。まずは**知識を使う認証**です。これは対象者だけが知っている知識をもとにした認証で、**暗証番号**や**パスワード**による認証が該当します。

パスワードは、「本人が設定した自分にしかわからない文字列」や、「システムが生成して本人だけが確認した文字列」などが設定されるため、**その知識を開示できる人間＝本人である**という理屈で認証をしてします。要するに「パスワードに設定した文字列を知っているのは本人だけ」という前提のうえに成り立っている認証なので、パスワードを他人に教えたり、簡単に推測できるものにしてはいけないのです。

　2つめは、**所持しているものによる認証**です。運転免許証やマイナンバーカードなどの写真つき身分証明書、ICチップつきIDカードなど、本人だけが所持するもので認証を行います。ICチップの場合、チップにはユニーク※15な情報が格納され、本人を他人と確実に区別できるようになっています。

　最後は、**生体情報による認証**（**生体認証**、**バイオメトリック認証**）です。指紋や手指の静脈パターン、顔、虹彩など、他人と異なることが確実な生体情報によって本人確認を行います。スマホやPCで、指紋認証や顔認証を使ったことがある人も多いのではないでしょうか。使ったことがある人はわかると思いますが、生体情報を使う場合は、照合のため事前に生体情報を登録しておく必要があります。

ログイン

知識を使う認証

所持しているもの
による認証

生体による認証

▲ 3種類の認証

※15　ここでいう「ユニーク」とは、「唯一の」「一意の」などの意味です。

なお、近年では「本人だけが所有している携帯電話にSMSで確認番号を送り、その番号を入力してもらう」という、「知識を使う認証」と「所持しているものによる認証」の組み合わせによる認証(**二段階認証**)も行われています。

▲ 二段階認証の流れ

　二段階認証は2回も認証操作が必要になるので、手間は増えてしまいます。しかし、パスワードのような知識による認証は、パスワードが第三者に盗まれたり漏れたりした場合、簡単に認証を突破されてしまうというリスクがあります。このリスクを低減するために、別の認証方法を組み合わせるのです。

　パスワード認証だけでなくSMS認証も行うようにしておくと、なりすまそうとする攻撃者はパスワードを入手するだけでなく、SMSに送られるコードも入手しなければなりません。こうなると、一気に攻撃のハードルが上がります。

　絶対に安全とは言いきれませんが、知識による認証のみの場合よりも、**ずっとリスクが低くなる**のは確かです。

24 認証と認可はどう違う？

3

サイバーセキュリティの基本的な考えかた

認証は「本人かどうかを確認すること」で、セキュリティを支える基礎技術の1つでした。ただ、本人であることが確認できたからといって、認証された本人はすべてのサービスが無条件で適用されるわけではありません。

　たとえば、動画配信サービスなどで「プレミアム会員はすべての配信コンテンツにアクセスできるが、通常会員は一部コンテンツにしかアクセスできない」というケースは多々あります。こういった「適切なユーザーが適切なコンテンツにアクセスできるように制御すること」、つまり**機密性を保持するための手段が、認可やアクセス制御とよばれる技術**です。

プレミアム会員と通常会員とでアクセスできるコンテンツを変更したい場合は、認証、すなわち本人確認をしたあとに、その人がアクセスできるサービスを限定する必要があります。これが<ruby>認可<rt>にんか</rt></ruby>という手続きです。

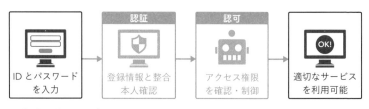

▲ 認証と認可の違い

　認可はアクセス権を制御することを指すので、**アクセス<ruby>制御<rt>せいぎょ</rt></ruby>**ともよばれます。認証と認可は似た言葉ですが、認証は本人確認、認可はアクセス制御と、意味は異なります。

　認可は、認証が必要なところにはだいたい必要です。認証を行う目的は、本人確認できた「本人」に対して、必要な機能を提供する(認可する)ことだからです。

　たとえば、ネットショッピングで氏名やクレジットカード番号などの個人情報を登録する場合、権限のない他人にはその情報を見せたくありませんよね。

　試験サイトなどもそうです。受験者は問題を読み、テストに回答することができますが、他人の回答を見たり、正解を見たりすることはできません。一方で、採点者はすべての受験者の回答にアクセスすることが許可されています。このように、**それぞれのユーザーに必要な機能を提供する**ために、認証と認可が存在するのです。

25 認可（アクセス制御）の種類

可の手段には、以下の4種類があります。

1. **ユーザーベース認証**
2. **任意アクセス制御**
3. **強制アクセス制御**
4. **ロールベースアクセス制御**

　1つめは**ユーザーベース認証**です。これは認証を受けた個人ごとにアクセスできる内容を決める方法で、特定の個人以外は情報にアクセスできないようにしたい場合に用います。

65

たとえば、本名や住所といった登録者本人の情報が閲覧できるプロフィールページへのアクセスなどが該当するでしょう。

続いて、グループごとにアクセス権を設定したい場合について考えましょう。たとえば、「通常ユーザー」と「プレミアムユーザー」で閲覧できるコンテンツを制御したい場合は、一人ひとりに権限を設定するのではなく、「通常ユーザー」と「プレミアムユーザー」というグループに対してアクセス制御をするほうが効率的ですし、間違いも起こりにくくなります。これを**任意アクセス制御**（DAC：Discretionary Access Control）といいます。

任意アクセス制御では、システムやファイルなどの所有者、あるいは管理者が、システムやファイルに対する各ユーザーのアクセス権限を決定・変更できます。この方法は便利なため、**Linux**[※16]のファイルアクセス権の設定などに使われています。

ただし、ユーザーにアクセス権の管理を任せる方式は安全ではないため、よりセキュリティが強化されたLinuxである**SELinux**[※17]では、**強制アクセス制御**（MAC：Mandatory Access Control）という方式が採用されています。強制アクセス制御では、ファイルの所有者であるユーザーでさえ、そのファイルへのアクセス権限は管理者によって決められます。とても不便ですが、不用意に権限が付与されることで、思わぬセキュリティ被害を招くことはありません。なお、これは**最小特権**という考えかたで、㉛でくわしく説明します。

※16　WindowsやmacOSなどと同じ、OSの1つです。**オープンソース**（公開されていて自由に使えるプログラム）のOSで、家電の制御などに使われています。
※17　セキュアOSと呼ばれるものです。セキュアOSについては、㊶でくわしく説明します。

ほかにも、役割ごとに権限を割り当てる**ロールベースアクセス制御**という方式があります。任意アクセス制御もグループごとにアクセス権限を制御する方法でしたが、任意アクセス制御のグループ分けはあらかじめ決まっているのに対し、ロールベースアクセス制御は役割を任意に設定できます。

　㉔で例に挙げた試験サイトについて考えてみましょう。受験者と採点者の権限は、以下の表のように切り分ける必要があります。

データ	受験者	採点者
問題	参照可、編集不可	参照可、編集可
受験者の回答	編集可	編集不可、参照可
全員の回答	参照不可	参照可

　受験者は問題を読み、テストに回答することができますが、他人の回答を見たり、正解を見たりすることはできません。一方、採点者は、問題を読むだけでなく編集したり、すべての受験者の回答を閲覧したりできるようになっています。

　役割ごとに権限設定を行うことで、そのシステムを適切に動作させることができます。これがロールベースアクセス制御の考えかたです。このルールを適用したら、各人がどの役割に属するか（受験者か、採点者か）を判別するだけで、各ユーザーに適切な機能が提供されます。

26 暗号化ってなんだろう?

認証や認可は、利用者を確認し権限を制御することで、データを読んだり書き換えたりしてよい人のみにその操作をさせる手法でした。

一方、これから説明する暗号化は、利用者ではなく**データや通信自体に許可されていない人は読んだり書き換えたりできないしくみを導入する**手法です。

これらはいずれも、データの機密性や完全性の保護を目的とした技術です。必要な人だけがアクセスできて、なりすましを許さず、不当な書き換えもさせないことは、セキュリティの基本であり、暗号化もそのための技術だといえます。

暗号化は、文章を変換して読めなくすることで、データを第三者から保護する手法です。暗号化された文はそのままでは読めませんが、鍵をもっている人だけは、鍵を使って暗号化された文を元の文に戻す（**復号**）ことができます。

▲ 暗号化と復号

　身近な暗号化の例では、Webの通信があります。たとえばネットショップにログインするとき、パスワード入力画面のURLは、「http://」ではなく「https://」になっているはずです。この「https:」で始まるURLは、通信が **T L S** という方式で暗号化れています。かつては、この暗号化はSSLという手法で行われていたため、いまでもTLS／SSLと表記することがありますが、SSLは2023年現在すでに廃止されています。

▲ TLS通信が行われているときのブラウザのURLバー

　ログイン時の通信が暗号化されていれば、その通信を不正に読み取られたとしても、パスワードがそのまま流出することはありません。もしパスワード入力画面のURLが「http://〜」で始まっている場合は、通信が暗号化されていない可能性があるため注意しましょう。

　暗号の技術や種類は、Chapter 4 でくわしく説明します。

27 監視ってなんだろう？

物理的な防犯の世界では、たびたび監視という行為が行われます。代表的な例が、カメラによる監視です。監視カメラ（防犯カメラ）を家やビルの入口に取りつけて出入りを記録したり、公共交通機関の駅やファッションビルの内部状況を記録したりします。これらの情報は、犯罪捜査などに活用されます。

サイバーセキュリティの分野においても、**監視**が対策として有効な場合があります。監視する対象は**ネットワーク上を流れるデータ**や**保存されたファイル**、**システムがなんらかの操作や処理を行った記録**（ログ）などです。

ログとは、**データ通信やプログラム処理の内容を記録したファイル**のことです。デバイスやアプリケーションごとに存在しており、それぞれ必要な内容を記録しています。たいていは時刻や出来事などの情報が羅列された英数字の文字列で、一般的に文章の保存形式であるt x t（テキスト）や、表の保存形式であるｃｓｖ（シーエスブイ）などのファイル形式で出力できます。下の図は、ネットワーク通信の記録である**ネットワークログ**の例です。

```
17:22:50.284750 IP6 brandon.59463 > ff02::1:3.5335: UDP, length 45
17:22:50.284890 IP brandon.59463 > 224.0.0.252.5355: UDP, length 45
17:22:50.700747 IP6 brandon.59463 > ff02::1:3.5335: UDP, length 45
17:22:50.700875 IP brandon.59463 > 224.0.0.252.5355: UDP, length 45
17:22:55.091902 IP brandon.51198 > 239.255.255.250.1900: UDP, length 175
17:22:56.103262 IP brandon.51198 > 239.255.255.250.1900: UDP, length 175
17:22:56.243963 IP brandon.53760 > ff02::1:3.5355: UDP, length 90
17:22:56.244102 IP brandon.53760 > 224.0.0.252.5355: UDP, length 90
17:22:56.661753 IP brandon.53760 > ff02::1:3.5355: UDP, length 90
17:22:56.661901 IP brandon.53760 > 224.0.0.252.5355: UDP, length 90
17:22:57.106216 IP brandon.51198 > 239.255.255.250.1900: UDP, length 175
17:22:58.112943 IP brandon.51198 > 239.255.255.250.1900: UDP, length 175
17:23:02.105641 IP6 brandon.59756 > ff02::1:3.5355: UDP, length 42
17:23:02.105629 IP brandon.59756 > 224.0.0.252.5355: UDP, length 42
17:23:02.519533 IP6 brandon.59756 > ff02::1:3.5355: UDP, length 42
17:23:02.519550 IP brandon.59756 > 224.0.0.252.5355: UDP, length 42
17:23:04.033611 IP brandon.137 > 224.0.0.252.137: UDP, length 50
17:23:05.547103 IP brandon.137 > 224.0.0.252.137: UDP, length 50
17:23:18.692785 IP brandon.17500 > 192.168.44.255.17500: UDP, length 236
17:23:19.080538 IP6 brandon.55906 > ff02::1:3.5355: UDP, length 46
17:23:19.080576 IP brandon.55906 > 224.0.0.252.5355: UDP, length 46
17:23:19.499107 IP6 brandon.55906 > ff02::1:3.5355: UDP, length 46
17:23:19.499212 IP brandon.137 > 239.255.255.250.137: UDP, length 50
17:23:19.499213 IP brandon.55906 > 224.0.0.252.5355: UDP, length 46
17:23:21.003225 IP brandon.137 > 239.255.255.250.137: UDP, length 50
17:23:22.506780 IP brandon.137 > 239.255.255.250.137: UDP, length 50
17:23:48.890745 IP brandon.17500 > 192.168.44.255.17500: UDP, length 236
17:24:00.630173 arp who-has 192.168.44.2 tell brandon
17:24:01.854331 arp who-has 192.168.44.2 tell brandon
```

▲ ネットワークログの例

　これは「どこの誰とどんな通信を行ったか」を表しています。一番上の行を例にすると、以下の図のような内容が記載されています。

通信日時　　発信元のコンピューター名と通信ポート　　　通信プロトコル

17:22:50 284750 IP6 brandon.59463 > ff02::1:3.5335: UDP, length 45

　　　　　通信の種類（IP）　　　　宛先のIPアドレス　通信データサイズ

▲ ネットワークログの構成

ログは、さまざまな機器やアプリケーションで、それに適した種類の情報が記録されています。たとえばサーバーでは、「どのアドレスから何時に通信があったか」というネットワークログが記録されています。アプリケーションであれば、ログインしたユーザーやその日時、ユーザーが行った操作の種類、ログアウトした時刻などが記録されています。ほかにも、無線ルーターのログでは、無線接続認証の試行の記録や、認証に失敗した記録、チャンネルが移動になった際の記録などが行われています。

ログの種類	ログを記録するもの
・ネットワークログ ・イベントログ ・アクセスログ ・認証ログ ・操作ログ ・エラーログ	・スマートフォン ・パソコン ・ルーター ・サーバー ・アプリケーション

▲ さまざまなログ

　こういった**ログを監視・検査する**ことで、**攻撃の兆候の発見**や、**被害を受けた際の速やかな通信遮断**などが行えます。また、ログを記録することで、「誰がいつシステムにログインしたのか」「どのような操作を行ったのか」といった出来事を調査し、被害を受けた際に攻撃手段や被害状況を調べることができます。もし必要なログを記録していなかったら、被害にあったことさえ気づけない可能性があります。

　ログの監視や攻撃の兆候の検知などには、次項で説明するIDS／IPSなどが活用されています。

サイバーセキュリティ関連の いろんな資格

　情報セキュリティ分野で有名な資格として、国家資格の**情報処理安全確保支援士**（略称：**登録セキスペ**）があります。ITシステムの設計者やプロジェクト管理者などを対象とした資格で、合格率は2割前後と難易度の高いものです。

　登録セキスペは、もともとは**情報処理技術者試験**の1つである「情報セキュリティスペシャリスト」という資格でした。情報処理技術者試験とは、12の試験区分から成る情報系の国家資格群で、もともとはこのなかの1つだったのですが、2017年の春期から独立した資格となりました。

　情報処理技術者試験は、ソフトウェアエンジニアなどの情報系の技術者が取得する専門性の高い資格が中心ですが、**ITパスポート試験**のように技術者でない社会人も対象としてITの基礎的な知識を広く問うものもあります。また、**情報セキュリティマネジメント試験**（略称：**セキマネ**）という試験もあり、こちらはマネジメント層向けの情報セキュリティの資格となっています。セキュリティ関係の資格取得を目指すなら、まずはITパスポートから始めて、少しずつスキルアップしながら登録セキスペを目指すとよいでしょう。

　国家資格以外では、クラウドセキュリティ向けの資格である**ＡＷＳ認定セキュリティ**（エーダブリューエス）などがあります。

　海外も視野に入れると、**ＣＩＳＳＰ**（シーアイエスエスピー）（Certified Information Systems Security Professional）がこの分野で最も権威ある国際認定資格です。セキュリティ業界では、名刺にCISSPと書かれているとちょっとリスペクト度が上がります。それだけに試験難易度は高いですし、5年以上の実務経験が必要で、かつ資格の維持にも費用がかかります。

28 攻撃を検知し 遮断するシステム

物理的な防犯対策としての監視は、建物の入口や内部など に対して行いますが、サイバーセキュリティとしての監 視は、ネットワーク空間を対象として行います。具体的には、あ る企業や組織のネットワーク空間への侵入を監視することになり ます。

　その役割を果たすのが、**ファイアウォール**、**IDS**、**IPS** などの 機器やしくみです。これらの機器はネットワーク空間に送られて くる通信データの内容を監視し、不正な通信として検知した場合 は、その通信を遮断したりします。

ファイアウォールとは、本来は延焼などを防ぐための防火壁を指します。火事が起きたときに、廊下などにある防火壁を設置すると、火災が起こっていない側へ燃え広がることを防ぐことができます。

　サイバーセキュリティにおいて用いられるファイアウォールも、これと似た役割を果たします。ファイアウォールは、**外部のネットワークと、企業内のネットワークや個人のPCなどのあいだに設置されるもの**です。外部から不正なアクセスがないかを監視し、あった場合はそのアクセスを遮断します。

　ＩＤＳ（Intrusion Detection System）は**侵入検知システム**とよばれるしくみで、外部ネットワークからの通信データを監視しています。この点はファイアウォールと同様ですが、IDSは脅威となる通信を検知したうえで管理者に警告するなど、多様なアクションを取れる点が特徴です。

　ＩＰＳ（Intrusion Prevention System）は**侵入防止システム**とよばれるしくみで、IDSで検知した脅威となる通信が、内部ネットワークに到達しないよう遮断などのアクションを行います。このようにIDSとIPSは役割が異なるため、セットで導入されることが多いです。

　IDS／IPSなどを利用して、企業や組織のシステムやネットワークなどを常時監視するチームとして、**SOC**（Security Operation Center）があります。サイバーセキュリティ関係の組織としては、事故対応を中心に行う**CSIRT**（Computer Security Incident Response Team）が有名ですが、監視および事故の発見・警告が主となるSOCとは少し役割が異なります。SOCもCSIRTも、組織内に部署として設置されている場合と、外部ベンダーとして契約を結んでいる場合があります。

29 組織と人を管理しよう

　サイバー攻撃の脅威に対して、認証や認可といった保護技術を用いてどれだけ厳重に守りを固めても、それだけでは十分とはいえません。なぜなら、その**技術を使うのは人間であり、組織だから**です。

　どれだけ厳重なパスワード認証システムを構築しても、使う人がディスプレイにパスワードを書いた付箋で貼っていれば意味がありません。また、本来は行うべき暗号化を行わないままファイルを社外に送信しているかもしれませんし、自分の端末のOS更新をしないまま放置しているかもしれません。

どれだけ優れたシステムを導入したとしても、それを使う人や組織を適切に管理できなければ、サイバー攻撃のリスクは高くなってしまいます。したがって会社などの組織は、組織に属する人が適切に行動できるようにルールを設けたり、そのルールが守られているかどうかチェックしたりして、管理や統制を行う必要があります。

　組織で情報セキュリティを管理するしくみを、**情報セキュリティマネジメントシステム**(Ｉ Ｓ Ｍ Ｓ)とよびます。ISMSの内容はISO／IEC 27001(⑰ 参照)として規格化されており、リスクアセスメントの設計や内部監査の実施などが必要とされます。

　リスクアセスメントとは、職場に存在するリスクを見積もり、優先順位をつけ、対策を定め、リスク発生時には記録と対処を行う一連のプロセスを指します。サイバーセキュリティにおいては、自社やサービスが受ける可能性がある攻撃などを検討し、それが行われた場合の対策を講じておくことが必要とされます。㉝で紹介する脅威分析においても、リスクアセスメントは実施されます。ISMSにおけるリスクは組織に対するリスク全般であるのに対し、脅威分析におけるリスクはおもにシステムを対するリスクとなりますが、行うことの本質は同じです。

　組織においてISMSが適切に設定・運用されているかどうかを審査する制度として、**Ｉ Ｓ Ｍ Ｓ 適合性 評 価制度**があります。この審査に合格すると**ISMS認証**を取得できます。認証の取得にはコストがかかりますが、組織内のセキュリティ向上やリスク軽減の効果が期待できますし、対外的に国際規格準拠による安全性をアピールできます。自治体や行政機関などとの取引では、ISMS認証が必須とされているケースもあるようです。

30 法律と制度による制約

組織内のルールだけでなく、サイバーセキュリティ関係の法律を遵守することも重要です。サイバーセキュリティに関連する日本の法律としては、**サイバーセキュリティ基本法**や**不正アクセス禁止法**が代表的です。また、刑法では、**ウイルス作成罪**や**不正指令電磁的記録に関する罪**、**電子計算機損壊等 業務妨害罪**などが定められています。いくつか見ていきましょう。

　不正アクセス禁止法は、他人のIDやパスワードを勝手に使ったり、それによって情報を改ざんしたりする行為を禁止するものです。たとえば、あなたが誰かのネットバンキングのパスワードを偶然知ってしまったとして、本人の承諾なくそれを使ってログインしたら、それだけで罪になります。

ID・パスワード

たまたま目撃

ID・パスワード

意図せずに偶然知った情報だとしても
本人の承諾なく利用してはいけない

▲ **不正アクセス禁止法に抵触する例**

　不正指令電磁的記録に関する罪は、マルウェアやコンピューターウイルスの作成などに関する罪です。マルウェアを作成した人はもちろん罪に問われますが、マルウェアやそのプログラムを取得したり、保管したりする行為も罪に問われることがあります。たとえば以下のような例は、前者は**ウイルスの保管**、後者は**マルウェアを他人の計算機で実行する目的で提供**に当たります。

- 匿名掲示板にアップロードされているファイルをダウンロードしたらマルウェアだったが、放置しておいた
- 頼まれて他人のスマホに遠隔操作アプリをインストールした

　これらの罪の成立には、「正当な理由がないのに」という条件がついているため、ただちに罪に問われることはないかもしれません。しかし、知らないうちに加害行為に加担してしまうことがないよう、このような犯罪があるということは認識しておく必要があります。

31 最小特権ってなんだろう?

　　イバーセキュリティは、ここまで見てきた「認証・認可・
サ　暗号化・監視・管理」などの技術の組み合わせで実現し
ています。これらの技術を効果的に運用するためには、**アクセス
権の適切な付与**など設計が必要になります。こういった設計段階
で重要になる考えかたの１つが、**最小特権の原則**です。

　最小特権の原則とは、「権限の付与は最低限にするべき」とい
うセキュリティ設計の考えかたです。これだけだとわかりづらい
ので、簡単な例を通じて考えてみましょう。

まだ包丁を使ったことのない小さな子どもがいて、この子がキッチンに入ってきたとします。冷蔵庫から自分で飲みものを取りたいのかもしれませんし、お手伝いでお皿を運びたいのかもしれませんから、キッチンに入ること自体は問題ないとします。しかし、包丁やガスコンロなどは、危ないから触ってほしくないですよね。

　こういうとき、包丁は子どもの手が届かない場所にしまったり、ガスコンロの周辺に仕切りを設けたりと、危険なことはできないよう制限を設けるはずです。この制限は、不慮の事態を防ぎ安全を保つために行われます。

　これをアプリに置き換えて考えてみましょう。アプリは必要に応じてデータベースのファイルを参照する必要があるため、「データベースからデータを読み取る権限」を与えておきます。

　しかし、ここでデータを読む権限だけでなく、書き込む権限も与えていたとします。普通に使っているぶんには、アプリケーションからデータベースには「データの読み出し」のみが行われるので問題ありません。しかし、アプリがサイバー攻撃によって乗っ取られたとすると、乗っ取られたアプリはデータベースにアクセスしてデータを書き換えようとするかもしれません。このとき、**アプリにデータの書き込み権限があると、攻撃による不正な書き換えが成功してしまいます。**

　万が一サイバー攻撃によってアプリやシステムが乗っ取られてしまった場合を想定して、被害が拡大しないよう、権限は必要最小限のものに留めておくことが予防対策として重要です。これが最小特権の原則という、サイバーセキュリティの設計において基本となる考えかたです。

32 多層防御と多重防御

　キュリティ設計でもう1つ重要な要素が、**防御の体制**です。システムやネットワークの防御には、**多層防御**と**多重防御**の2種類があります。多層防御から見ていきましょう。

　多層防御とは、次ページの上図のように、外部からの攻撃に対する対策を、**入口対策**（侵入対策）、**内部対策**（拡大対策）、**出口対策**（漏えい対策）の**3段階に分ける考えかた**です。

　入口対策は外部からの侵入を防ぐもので、IDSによる検知や、ファイアウォールやIPSによる遮断が該当します。内部対策は、侵入された場合に被害を低減する対策で、アクセス制御やログ監視が該当します。ランサムウェアに対する内部対策としては、バックアップの取得が考えられるでしょう。出口対策は、被害拡大や情報流出を防ぐもので、暗号化、振る舞い検知（45 参照）、WAFの導入（52 参照）などが該当します。

▲ 多層防御の構造

一方、**多重防御**とは、**不正な侵入を防ぐために入口対策を何重にも重ねる防御体制**のことをいいます。かつてはセキュリティ対策といえば多重防御で、とにかく侵入されないことを目的としていました。しかし近年ではサイバー攻撃の手口が多様化・高度化しており、どれだけ入口対策を強化しても侵入を防げないケースが増えてきました。そのため近年では、仮に侵入されたとしても重要な情報を持ち出させないようにする、多層防御でのセキュリティ設計が主流となっています。

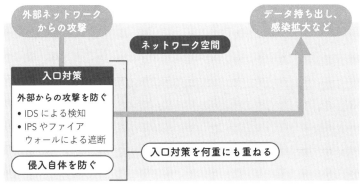

▲ 多重防御の構造

33 脅威を分析する

　サイバーセキュリティを「サイバー攻撃に対する防御」と捉えると、**相手がどう攻撃してくるかを考え、それに応じた対策を取ることが重要**になります。「どんな攻撃がくるか」という想定がないと、防御の作戦も立てられないわけです。

　この「攻撃を想定する」作業が、**脅威分析**（リスク分析）です。脅威分析は、とくにソフトウェアやシステムの設計段階で重要になる技術です。というのも、ある程度まで作ってしまってから特定の防御機能を追加しようとしても、簡単に直すことができず、極端な場合は最初から作り直しになってしまうからです。

脅威分析は、システム開発の設計段階（**上流工程**^{※18}）において、重要な役割を果たす考えかただといえます。

脅威分析は、以下のような手順で行います。

①資産を明確にする

開発するシステムにおいて扱う情報やサービスから、自分や会社にとって重要なものや被害を受けたら困るもの、つまり守るべき対象を明確にします。これを**資産**といいます。

②資産への脅威を考える

資産を洗い出したら、それらに対してどんなことがあると損害を被るのか、という**脅威**を洗い出します。たとえば「個人情報」が資産だとしたら、脅威は「流出」となります。

③脅威を実現する具体的な攻撃を想定する

脅威を洗い出したら、それらの脅威を実現するための具体的な攻撃手段を考えます。個人情報流出という脅威の例であれば、攻撃手段として「攻撃者がなりすましでシステムにログインして、個人情報を盗み見る」などが考えられます。

この際、さらに具体的に考えられる場合は深掘りして、より条件を明確にします。この場合、まだ「なりすます手段」が曖昧なので、「フィッシング」などの具体的手段を想定しましょう。

※18　システム開発において、「システムの目的や機能を明確にして仕様を定める」などのシステム全体の設計段階を上流工程といい、「仕様に沿ってプログラミングを行う」などの実際の作業段階を**下流工程**といいます。デザインなどの分野でも使われる言葉です。

④攻撃による被害の危険度を想定する（リスクアセスメント）

攻撃を想定したら、その攻撃による被害の危険度を見積もります（**リスクアセスメント**（㉙ 参照 ））。見積もりの際には、その攻撃を受ける可能性はどれくらいあるのか、被害の大きさはどの程度になるのか、などを検討します。

⑤リスクの高いものについて対策を立てる

リスク評価で危険度が非常に高い項目があった場合、対策を立てます。

脅威分析はこのような手順で行っていきます。洗い出した内容は最終的に表や図の形にまとめ、チームで共有し、サイバーセキュリティの設計に役立てます。また、もし**セキュリティインシデント**（サイバーセキュリティに関連する事件、事故）が発生した場合は、脅威分析をもとに対応します。

今回は資産を起点に分析を進める方法を説明しましたが、脅威分析にはほかのやり方もあります。IPAがくわしい資料を公開している[19]ので、気になる人はそちらを確認してみてください。

もちろん、ここまで細かく分析して対策を用意しておく必要があるのは、システム開発者やセキュリティ担当者などの専門家だけです。しかし一般の人でも、新しいデバイスやアプリを購入するときに①と②の考えかただけでも身につけていると、なんとなく「どんな危ないことが起きそうか」を意識して気をつけることができます。

---

[19]　IPA｜制御システムのセキュリティリスク分析ガイド第2版：
　　　https://www.ipa.go.jp/security/controlsystem/riskanalysis.html

34 隠すだけでは 安全ではない

3

サイバーセキュリティの基本的な考えかた

　サイバーセキュリティの世界では、**隠蔽によるセキュリティ に頼らない**ことが原則とされています。隠蔽によるセキュリティとは、そのシステムがどんな構造をしているかという仕様を隠すことで、攻撃を防ぐという考えかたのことです。

　例として、スマホアプリを考えてみましょう。スマホアプリは人間がプログラミング言語を使って作るのですが、実はコンピューターは、プログラミング言語をそのままでは理解できません。コンピューターが解釈して実行できるようにするためには、プログラミング言語から**機械語**への翻訳が必要なのです。この翻訳のことを、**コンパイル**といいます。

スマホアプリとして配信されるのはコンパイル後のものなので、普通の人はそれを解読することができません。

　プログラムのなかには、利用者に読み取られたり、勝手に書き換えられると提供側が困る部分もあります。そういったズルをされると困る例として、ゲームが挙げられます。

　たとえば、あるゲームでハイスコアを達成すると特典がもらえるルールがあるとします。ところが、プログラムのある部分を書き換えるとゲームをプレイしなくてもハイスコアが達成できるとわかったとしましょう。すると、このルールには意味がなくなってしまいます。

　配信されているアプリケーションはコンパイルされているため、普通の人には読み解くことはできず、さきほど述べたようなプログラムの読み取りや書き換えを心配する必要はないように思えます。ところが、隠している内容を明らかにする技術が世の中にはたくさんあるため、Chapter 4で述べる安全な暗号方式で暗号化しているような場合を除き、たいていの隠していることはばれてしまいます。さきほどのプログラムの例でいえば、機械語からプログラミング言語に逆変換する**リバースエンジニアリング**という技術があり、ゲームの世界ではそれによる**チート**[20]行為などが問題視されています。

　こういった背景から、隠しておけば安全という考えかたは捨て、**プログラムを見られたとしても攻撃者に秘密の情報がばれたり不正に書き換えられたりすることがない設計**にする必要があります。

　その方法の1つが、Chapter 4で紹介する暗号化です。次のChapterからは、ここまでで学んだサイバーセキュリティの基本要素や思想を実現するための、具体的な技術を見ていきましょう。

※20　チートとは、不正行為という意味をもつ言葉です。ゲームにおいては、おおむね「使用者が極端に有利になるような、開発者が意図しない不正なプログラム」を指します。

4

情報を守る
ための技術を
知ろう

ここでは、**Chapter 3**で紹介したサイバーセキュリティの要素を成立させるために、必要な技術を紹介します。暗号化をはじめとして、ハードウェアやOSのセキュリティ技術、セキュリティのテストや異常を検知する技術などを解説しながら、ユーザーが自分でできる対策もいくつか紹介します。

35 通信は暗号で守られている

突然ですが、次の文は暗号です。解読してください。

けをなたの

少し難しいですよね。では、こちらはどうでしょう？

はちにんこ

　今度はわかった人も多いのではないでしょうか。これは「こんにちは」を逆順に並べたものですね。このように文字を逆順に並べる暗号を、**転置式暗号**といいます。

今度は、最初の「けをなたの」を解読してみましょう。こちらは、各文字をあいうえお順の次の文字にずらしてみてください。「け→こ」「を→ん」「な→に」「た→ち」「の→は」となり、こちらも「こんにちは」となります。このように特定の規則に従って文字を入れ替える暗号を、**換字式暗号**といいます。

元の文章	転置式暗号	換字式暗号
SECURITY	**YTIRUCES**	**RDBTQHSH**

暗号化　→　文字の並びを逆にする　規則に従って入れ替える

1つ前のアルファベット

暗号化

▲ 転置式暗号と換字式暗号

　⑲で軽く触れたように、情報セキュリティのCIAを保つための手段の1つに**暗号**があります。暗号がなければ、メールの内容や閲覧したWebサイトの情報、さらに通販時に入力した個人情報まで、簡単に流出してしまいます。通信の内容やサーバーに保存されているデータなどを暗号化することで、攻撃者が不正に情報を読み取れないようにしているのです。

　その暗号化の方式として、実はつい最近まで、さきほど説明した転置式や換字式といった**古典暗号**が使われていました。しかし、古典暗号は人間でも簡単に解読できることがありますし、コンピューターを用いて統計分析を行うと、より簡単に解けてしまいます。そのため現在では、数学的に解読が困難であると保証されている**現代暗号**が主流となっています。現代暗号については、次の㊱でくわしく説明します。

36 現代暗号のしくみ

現 代暗号の特徴は、「暗号化や復号に必ず**鍵**を用いること」
です。**復号**とは、暗号化された文を元の文（**平文**）に戻すこと[21]をいいます。情報を守るために使われる「鍵」は、私たちが日常的に使っている家の鍵とは違う形をしています。現代暗号で使われる鍵とは、「**第三者には秘匿されている文字列**」です。

　暗号は、元の文に対して鍵の内容に応じた数学的変換を行い、暗号化された値を得ます。この数学的変換には、暗号の解読を困難にするために数学的理論が使われています。

---

[21]　ちょっと不思議に思うかもしれませんが、文章に暗号をかけることを「暗号化」という一方で、暗号化された文章を元に戻すことは単に「復号」といい、「復号化」とはいいません。「暗号」はデータを変換する技術を指すので暗号をかけることは「暗号化」となりますが、「復号」は「暗号化されたデータを元に戻す」という行為を指しているためです。

たとえば **R S A 暗号** という暗号では、**素因数分解問題** という「桁数の大きい素数2つを掛け合わせた数から元の2つの素数を求めることは困難である」という特性が使われています。

　文章に文章を使って「数学的変換」を行う、というのはピンとこないかもしれません。しかし実は、いまここに書かれているような日本語の文章も、**コンピューターは数字の組み合わせとして認識しています**。このしくみは難しい話になるので省きますが、つまり普通の文章を数学的に変換するというのは、コンピューターにとっては自然な処理なのです。

　そうやって数学的に変換された文章が、**暗号文** です。暗号文は元の文だけでは作れませんし、復号も暗号文のみではできません。どちらも必ず、鍵がないとできないのです。したがって、鍵を誰にも知られないようにしておけば、暗号化された文が第三者に知られていても、容易には元に戻せないわけです。

元の文章　　暗号化　　暗号文　　暗号化にも
復号にも
あいうえお　数学的処理　ねさぜよむ　鍵が必要
復号

▲ 現代暗号と鍵

　もし鍵を誰かに知られてしまったら、その暗号文はもう安全ではなくなります。ですから、現代暗号では、**いかに暗号鍵を他人に知られないよう安全に保管しておくか** が重要になってきます。

37 さまざまな暗号の種類

暗号は、用途に応じていくつかの種類に分けられます。ここでは、3種類の暗号を見ていきましょう。

まず、暗号化の鍵（**暗号化鍵**）と復号の鍵（**復号鍵**）が同じでよい場合です。これは、通信相手と鍵を共有して通信内容を暗号化し、他人に見られないようにするときや、自分で暗号化したデータを保存しておき、あとで復号して読み出すときなどが考えられます。こういった暗号化鍵と復号鍵が同じ暗号を、**共通鍵暗号**といいます。

平文	暗号化 ⇆ 復号	暗号文	暗号化鍵と 復号鍵は同一

▲ 共通鍵暗号

一方で、暗号化鍵と復号鍵を別々にしたいシチュエーションも考えられます。たとえば、暗号化は誰でもできて、復号は特定の人だけができるようにしたい場合です。これを可能にするしくみが**公開鍵暗号**です。

　公開鍵暗号では、暗号化鍵と復号鍵が別々になっています。暗号化鍵は公開されており（**公開鍵**）、誰でも使うことができますが、復号鍵は復号できる人しかもっていません（**秘密鍵**）。このしくみは、電子署名などで使われています。

▲ 公開鍵暗号

　暗号化する情報のなかには、パスワードのように復号する必要がないものもあります。パスワードの場合、登録時にパスワードを暗号化した値を保存しておけば、ログイン時に入力された値を再度暗号化して、保存した値と比較すればいいだけです。この場合は、**ハッシュ関数**という一方向性の関数で変換する方法が用いられます。

　ハッシュとは、「薄切りする」や「めちゃくちゃにする」という意味をもつ言葉です。ハッシュ関数は、その名のとおり元のデータに対して非常に複雑な処理を行い、**ハッシュ値**という元の文字列とはまったく別の値を返す関数です。

　ハッシュ値の復号は容易ではないため、暗号化の手法としてたびたび用いられます。たとえばパスワードをハッシュ化して保存しておけば、仮にそのハッシュ値が流出してしまったとしても、簡単に元のパスワードの文字列に戻すことはできません。

38 暗号は何年経っても絶対に解けないの？

現代暗号は数学的理論によって簡単には解けないことが保証されている、だから安全だと㉟でいいました。

実は、この「解けない」は、ずっと解けないことを保証しているわけではありません。ものすごく時間をかけてコンピューターに計算させれば解けるものの、**現実的ではない長時間が必要**なので、**とりあえず安全**ということにしているのです。これを**計算量的安全**といい、ほとんどの現代暗号は、この計算量的安全にもとづいて設計されています。

ところが、近年のコンピューターの計算スピードの進歩は目覚ましいものがあり、数年前には「数日かけないと解けない」といっていたものが、一瞬で解けるようになってしまいました。

典型的な例が、DES暗号（ディーイーエス）とよばれる共通鍵暗号方式です。DESは1990年代までは普通に使われていましたが、1999年、このDESを24時間以内に解くチャレンジに成功者が現れました。成功者自身の能力が高かったのはもちろんですが、コンピューターの計算能力の向上が大きな要因でもありました。これ以降、DESはもう安全とはいえなくなりました。

～1990年代　　　　　　　　　1999年

DES　　　　　　　　　　**DES**　　24時間
以内に
解けた

計算量的安全　　　　　　計算量的安全
を満たす　　　　　　　　を満たさない

年月の経過によって、暗号の危殆化は必ず起こる

▲ DESの危殆化

　コンピューターの性能向上以外にも、誰かがその暗号方式を早く解く解法を見つけることがあります。一度見つかってしまうと、その暗号方式もやはり安全ではなくなります。このように、暗号が計算や攻撃によって破られてしまうようになり安全ではなくなることを、**暗号の危殆化（きたいか）**といいます。

　暗号の危殆化は、年月の経過とともに必ず起きるものです。そのため日本政府では、電子政府で利用される暗号技術の評価を常に行っており、推奨する暗号の一覧（**CRYPTREC暗号リスト**（クリプトレック））を作成し、定期的に更新しています。最新の情報は、CryptrecのWebサイト[22]で確認できます。

※22　CRYPTREC｜CRYPTREC暗号リスト（電子政府推奨暗号リスト）：
　　　https://www.cryptrec.go.jp/list.html

39 外部からの改変を防ぐデバイス

現代暗号には鍵が必要になることを述べましたが、では、その鍵はどこに置いておけばいいのでしょうか？

鍵は暗号化や復号に使うので、暗号を使いたいシステムのディスク上に置いておけたら便利です。しかし、第三者にそのディスクにアクセスされてしまったら、鍵を読み取られてしまいます。したがって、**鍵は第三者にアクセスできない場所に保管するべき**です。

そこで、**ハードウェア**の登場です。ハードウェアとは、コンピューターなどの電子機器において、私たちが手で触れる部分を指します。たとえば、PCやスマホ本体の筐体や、それを構成する部品などが該当します。逆に私たちが手で触れない部分、プログラムやデータなどは**ソフトウェア**とよびます。

ハードウェアは、セキュリティにおいても重要な役割を果たします。たとえば暗号鍵の保護では、外部からは読み取りや改ざんが困難な特性（耐タンパー性）をもつICチップの中に鍵の情報を入れておきます。そして、そのチップには鍵の情報を入力させて、それが格納されている情報と合っているかどうかだけを返すようにします。そうすれば、ハードウェアが読み取りや改ざんについての安全を保証してくれるので、安全に鍵が保管できます。

このような耐タンパー性をもつICチップは、みなさんの身近なところでは、クレジットカードやマイナンバーカードに見ることができます。マイナンバーカードのICチップには、電子納税（e-Tax）のときに個人を証明する証明書が格納されています。

コンピューターのOSにもセキュアなハードウェアが利用されています。近年のOSはそのコンピューターのディスク全体を暗号化できるのですが、その鍵は**セキュリティチップ**（T P M：Trusted Platform Module）に保管されています。TPMはさまざまなセキュリティ機能を備えたチップで、暗号鍵やハッシュに関するさまざまな計算機能や、鍵の保管機能をもっています。TPMのはたらきによって、たとえPCを置き忘れたり盗まれたりしても、暗号化されたドライブの中身を第三者が盗み見ることはできなくなります。

40 絶対に信頼できる 最初の基点

　　こまで述べてきたセキュリティの構成要素、たとえば認証
　　やアクセス制御や暗号化は、すべてコンピューターによっ
て行います。でも、**そのコンピューターのことは、はたして信頼
してよいのでしょうか？**　ひょっとしたらマルウェアに感染し
て、乗っ取られてしまっているかもしれません。

　さまざまな処理を行うコンピューターが信頼できない場合、認
証や暗号化などの機能も信頼できない可能性があります。なにも
信頼できないという状況は、映画などでときどき見かける「周り
がすべて敵」のようなシチュエーションとよく似ています。そん
なときは、誰か絶対に信頼できる味方を見つけたいものです。

たとえば、絶対に信頼できる人であるＡさんがいたとします。このとき、「Ａさんが保証した人Ｂさんも頼れる→Ｂさんが保証した人Ｃさんも頼れる」といったように、信頼を連鎖的につないでいくことができます。これを**信頼の 鎖**（Chain of Trust）とよび、最初のＡさんを**信頼の基点**（RoT：Root of Trust）とよびます。

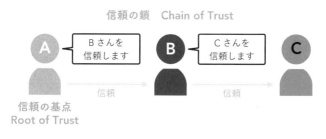

信頼の鎖　Chain of Trust

| | Ｂさんを信頼します | | Ｃさんを信頼します | |
| A | | B | | C |

信頼の基点
Root of Trust

▲ 信頼の構造

　サイバーセキュリティにおいても、「**ここだけは絶対に信頼できる**」**という信頼の基点が必要**になります。この信頼の基点には、読み取られたり、書き換えられたりしないと保証された**耐タンパー性をもつハードウェア**などが用いられます。

　信頼の基点となるハードウェアは、ほかのハードウェアやソフトウェアを信頼できるか検証したり、暗号の鍵を安全に格納したりするしくみをもっています。さきほど紹介したセキュリティチップのTPMは、その典型的な例です。

　コンピューターは、起動時にそういったハードウェアを基点として、信頼の鎖をつなげていく形で安全に起動（**セキュアブート**）します。このようにして、起動されたコンピューター上で動くOSやデバイス、ソフトの安全性を保証しているのです。

41 セキュアOSってなんだろう?

TPMなどの耐タンパー性をもったハードウェアによって、セキュリティの起点となるコンピューターの信頼が保証されている、という話をしてきました。これによってセキュアブートが行われ、さまざまな機能の安全性が保証されているのでした。では、ハードウェアではなくOS自体には、安全性を保証するしくみはないのでしょうか?

実は「安全性の高いOS」も存在していて、それを**セキュアOS**といいます。セキュアOSとは**通常のOSと比べてセキュリティが強化されたOS**で、さまざまな種類がありますが、一般的には**強制アクセス制御**（㉕ 参照）と**最小特権機能**（㉛ 参照）を備えたものが多いようです。

耐タンパー性をもったハードウェアが暗号などの機能を保証するものである一方で、セキュアOSは**暗号を含むコンピューター全体を安全にするもの**だと解釈できます。

例として、OSのLinuxで考えてみましょう。一般的なLinuxでは、「ファイルに誰がアクセスできるか」というアクセス権はユーザーやグループごとに設定され、一度決めた権限はファイルの所有者であれば誰でも変更できます。

この性質は、普段使いにおいては便利なのですが、仮に管理者ユーザー[23]が攻撃者やマルウェアに乗っ取られてしまった場合、コンピューターの権限は攻撃者のいいように変更されてしまいます。

これに対し、**SELinux**とよばれるセキュアOSでは、ファイルのアクセス権はあらかじめポリシーによって決められています。たとえファイルの所有者や管理者であっても、アクセス権を自由に変更はできません。権限が変更できないため、仮に攻撃されたとしても被害は最小限に抑えられます。

このやりかたで安全になるのなら全部のOSをセキュアOSにすればいい、と思う人もいるでしょう。しかしセキュアOSでは、一度権限を決定してしまうと、あとから「このファイルを変更する権限がやっぱり必要だった」となっても対応できません。安全になるかわりに、自由度は下がってしまいます。用途に応じての使い分けが必要なのです。

2023年現在、セキュアOSは、とくに厳密なセキュリティ管理が求められる**軍事用システム**や、**金融機関のシステム**に用いられています。

※23　Linuxでは、この管理者ユーザーのことを**root**とよびます。

42 脆弱性を見つけるテスト

　　こまで、コンピューターや通信の安全がどのように守られ、保証されているかを見てきました。ここからは、その安全性を検査するセキュリティテストについて見ていきます。

　システムの開発・運用時に、セキュリティ上安全かどうかを確認するために行うものが**セキュリティテスト**です。このテストでは、実際の攻撃、あるいは擬似的な攻撃をシステムに対して行い、問題が発生するかどうかを検証します。ここで問題が発生した場合は、その問題は脆弱性となるので対処しなくてはなりません。

このテストでは、**ブラックボックステスト**がたびたび用いられます。これは、システムの内部構造[※24]がどうなっているかを考慮に入れず、与えたデータ（**入力**）に対してどのような反応が返ってくるか（**出力**）のみをチェックするテストです。**少しずつ異なる入力データを大量に与え、出力に異常があった場合は、それが脆弱性として検出される**という流れです。

　ブラックボックステストはシステムの内部を知らなくても実施できるため、第三者が行うテスト手法としてよく用いられます。システムの内部構造を考慮しないことを、ブラックボックス（中身の見えない箱）に例えているのです。

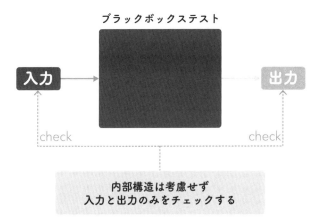

ブラックボックステスト

入力　→　出力

check　　　　　　　　check

**内部構造は考慮せず
入力と出力のみをチェックする**

▲ ブラックボックステストの構造

　一方で、**ホワイトボックステスト**（グラスボックステスト）というものもあります。ブラックボックステストとは逆に、内部構造を考慮して行うテストのことで、システム内部の**プログラムが意図したとおり**（仕様書どおり）**に動くかどうかをチェック**します。

※24　システムの内部構造とは、情報をどのように処理するかというプログラムの実行順序や組み合わせなどを指します。

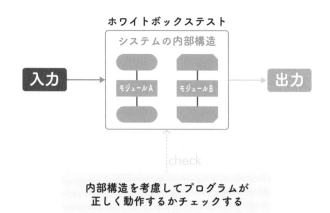

ホワイトボックステスト

システムの内部構造

入力　→　モジュールA　モジュールB　→　出力

check

内部構造を考慮してプログラムが
正しく動作するかチェックする

▲ ホワイトボックステストの構造

　情報システムは、たくさんのプログラムが組み合わさって作られています。組み合わさっているプログラムを機能で分類した最小単位のことを、**モジュール**といいます。ホワイトボックステストは、モジュールが正しく機能するかという**単体テスト**（システム全体ではなく、モジュールという部品が正しく動くかどうかのテスト）によく用いられます。

　ホワイトボックステストは仕様書に沿って確認されるため、仕様書自体の誤り、つまり**設計段階での意図しない穴は発見できません**。また、多くの場合はモジュールの動作を単体で確認するため、**モジュールどうしがうまく噛み合わずに発生する不具合なども検知できません**。

　ブラックボックステストとホワイトボックステストは、どちらか一方のみを行うことはほとんどありません。システム開発の現場では、両方を組み合わせて、適切かつ効率よく安全性を確認できるようセキュリティテストを行っています。

　この本のなかで、何度か「個人情報を流出してしまう」という
セキュリティインシデント（㉝ 参照）について触れてきました。
ところで、個人情報とは具体的になにを指すのか知っていますか？
　個人情報（こじんじょうほう）は、個人情報保護法で以下のように定められています。

> **個人情報は、生存する個人に関する情報で、氏名、生年月日その他の記述等により、特定の個人を識別できるもの**

　「**特定の個人を識別できるもの**」という点がポイントで、たとえば例として挙げられている「生年月日」は、それだけでは個人を識別できません。そのため、生年月日が個人情報となるのは、ほかの情報と組み合わさったときです。
　企業が顧客の個人情報を有していることは、珍しくありません。この本のなかでも何回か例として挙げているネットショップなどはその最たるもので、住所や氏名、クレジットカード情報まで保有していることも多いでしょう。こういった情報をサイバー攻撃によって流出させてしまうと、非常にまずいことになるわけです。
　とくに、**特定個人情報**（とくてい）を流出させると非常に大きな事件になってしまいます。特定個人情報は「個人番号を内容に含む個人情報」で、マイナンバーや、マイナンバーに対応づけられた符号を含むものを指します。特定個人情報は個人情報よりも厳格な保護をしなければならない、と法律で規定されています。

4

情報を守るための技術を知ろう

43 ブラックボックステストの手法

ブラックボックステストの一種として、大量のデータを投入して自動でテストを行う、**ファジング**という手法があります。

ファジングでは、入力するデータとして、少しずつ違うデータを大量に用意します。たとえば電話番号を入力するときは、数字でなくアルファベットで構成された入力値を用意してみたり、10文字までの制限があるところに11文字以上の入力値を用意してみたりと、ちょっとずつ変なデータを大量のバリエーションで用意しておきます。

このデータを入力することで、プログラムが変なデータに対してどんな反応をするかがわかります。11文字以上の入力があった場合、「11文字以降を切り捨てる」「エラーとして再入力させる」などの処理ができればよいのですが、10文字を超えるデータをそのまま受け取って処理するようになっている場合、バッファオーバーフロー攻撃（58 参照）の温床となってしまいます。

このように、ファジングでは、**変なデータを入力することでプログラムの挙動がおかしくならないかをチェック**します。「下手な鉄砲も数撃ちゃ当たる」方式、と思ってもらえればいいでしょう。この方式は自動でテストできるのがミソで、手動テストより楽かもしれません。

ただし、この手法で**見つけられる不具合は入力値に依存**します。入力したデータに不足があれば、不具合を発見できない可能性があるのです。ですから、ファジングをパスしたからといって、安全性をあまり過信するのはよくありません。専門的な話になるので本書では説明を省きますが、できるだけ正確にテストできるよう入力値を設計する手法として、**同値分割法**や**境界値分析**などがあります。

ファジング以外のブラックボックステストの手法として、本当にそのシステムに侵入を試みる**ペネトレーションテスト**という手法があります。ペネトレーションとは侵入という意味です。

ペネトレーションテストは、システム開発の最終段階に、完成したシステムを実際に運用する環境に設置したタイミングで行われる場合が多いです。開発者やシステム所有者自身で行うこともできますが、ある程度のセキュリティ知識がないと難しいため、専門のテスト業者に依頼する場合もあります。

私たちが普段使っているさまざまなシステムは、ここまで紹介したようなテストを組み合わせて、セキュリティ上問題ないかどうかが確認されています。

44 鍵の開いた入口がないか見つけよう

　セキュリティテストには、システム開発の際に行うものだけでなく、自分が使っているコンピューターが外部から攻撃されやすい状態になっていないかどうかチェックするものがあります。これが**ポートスキャン**です。

　コンピューターには、さまざまなサービスを受けつけるための入口が開いています。その入口を**ポート**※25 といいます。ポートには1番〜65535番の番号が振られており、サービスごとに決まった番号を使います。Web通信であれば80番か443番、メール送受信であれば25番や587番、といった具合です。

※25　より正確には、**UDP/TCPポート**といいます。**UDP**はTCP（⑬ 参照）のような通信プロトコルの一種で、ポート番号はこれらに準じて割り振られています。

▲ ポート番号とサービス

あるコンピューターにおいてどのポートが開いているかは、ポート開通検査(**ポートスキャン**)で簡単に確認できます。必要なポートだけが開いていればいいのですが、使ってもいないポートが開いていたりすると、攻撃者はそこから侵入しようとします。家の防犯で例えるならば、鍵のかかっていない裏口が開いているようなものです。

必要のないポートが開いていると、攻撃者はそこから侵入し、コンピューターを乗っ取ったり、マルウェアに感染させたりします。ここで注意しておきたいのは、**開いているポートがあるかどうかは、ポートスキャンツールを使うことで攻撃者が確認できる**ということです。本来、ポートスキャンツールはセキュリティの確認テストで用いられるツールなのですが、他人に対して使うことで悪用できるのです。

開いているポートを使った攻撃は実際によくあり、IoT機器にDDoS攻撃(51 参照)をするための侵入口として、23番や80番のポートが使われていました。23番はそのコンピューターにリモート接続して操作するサービス(**telnet**^{※26})用のポート、80番は前述のようにWebサービス用のポートです。

※26 telnetとは、コンピューターを遠隔操作するためのプロトコルです。通信内容が暗号化されないため、現在ではほとんど使われていません。かわりに、通信内容を暗号化してくれる**SSH**という遠隔操作プロトコルが用いられています。

自分のPCのポートスキャンは、実は比較的簡単に実行できます。ここではWindowsの場合の手順を説明します。

　WindowsキーとRキーを同時押しして、表示された入力ボックスに「cmd」と入力し、**コマンドプロンプト**を起動してください。コマンドプロンプトとは、下の図のような黒い画面で、プログラムを実行できるツールです。コマンドプロンプトを起動したら、「netstat -a」と入力してEnterキーを押します。すると、PCで使われているポートを確認できます。

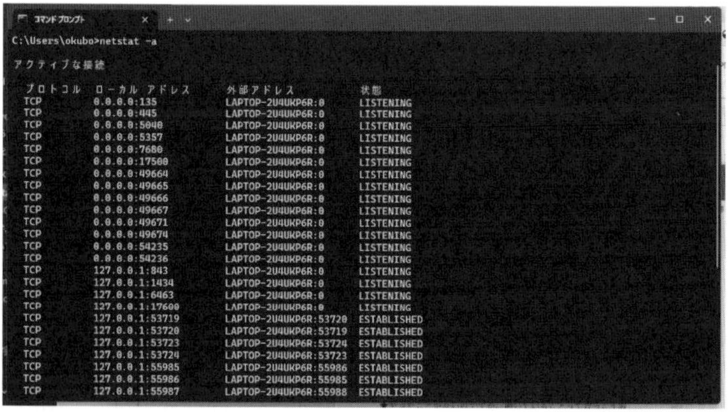

▲ ポートスキャンを実行した様子

　上図2列目の「ローカルアドレス」の欄で、0.0.0.0や127.0.0.1などの数字後のコロン(:)に続く数字が、そのPCで使用されているポート番号です。確認してみると、意外と多くのポートが開いていることに気づくかと思います。

　ポート番号はＩＡＮＡ（アイエーエヌエー）（The Internet Assigned Numbers Authority）が管理しており、どの番号がどのサービスと結びついているかはWebサイト[※27]で確認できます。しかし、どのポートがどの目的で使われているかをすべて把握することは、あまり現実的ではありません。

また、先述の80番ポートなどは、単にブラウザでWebサイトを閲覧するだけなら閉じていても問題ない[28]のですが、一部の対戦ゲームなどでは開放しなければ遊べない場合があります。このように、ポートを閉じてもいいのかダメなのかは、状況によって異なります。

　ですから、さきほど紹介した方法で常にすべてを確認して把握しておく必要はありません。しかし、たまに見て「このポートはどんな目的で使われているのだろう」と調べてみることは、サイバーセキュリティの知識や意識の向上によい影響を与えるでしょう。

　また、サイバー攻撃でよく使われるポートが開いているかどうかを確認してみるのもおすすめです。IT系のニュースは悪用されているポート番号などのくわしい情報を載せている場合がありますし、JVNなどの脆弱性データベース（⑭ 参照 ）であれば、より正確な情報が入手できるでしょう。

　開いているポートを閉じる方法は、そのPCの環境によって異なります。Windowsであれば、たいていの場合Windowsファイアウォールの設定変更で閉じることができます。

※27　IANA｜Service Name and Transport Protocol Port Number Registry：
　　　https://www.iana.org/assignments/service-names-port-numbers/service-names-port-numbers.xhtml
※28　80番ポートを使うのは「アクセスされる側」です。ブラウザがWebサイトのサーバーの80番ポートにアクセスすることで、Webサイトが閲覧できます。

45 悪性のファイルを検知する

少し前までは、マルウェアを見つけるために**パターンマッチング**という検知手法が使われていました。パターンマッチングとは、**あらかじめマルウェアのファイルパターンを登録しておいて、検査対象のファイルがその構成と一致するかどうかを調べる**方法です。

　ところが、マルウェアの種類が亜種も含めて爆発的に増加したことにより、パターンマッチングでは検知できないマルウェアが増えてきました。そのため現在では、**機械学習**を利用した手法など、これまでとは違うしくみによる検知方法が使われ始めています。

　機械学習とは、大量のデータをコンピューターに入力してパターンを学習させ、そのパターンでさまざまなものを分類したり識別したりする技術です。この機械学習がたびたび活用されてい

る検知方法の一つが、**振る舞い検知**です。振る舞い検知とは、ファイル構成自体ではなく、マルウェアとしての振る舞いのパターンによってマルウェアか否かを判別する手法です。たとえば、**自己増殖するかどうか**、**PC内部のファイルを勝手に削除したり書き換えたりするかどうか**などの動きを検知して、マルウェアかどうか判定するのです。そのため、パターンマッチングと違って、新種のマルウェアでも検知が期待できます。

この「振る舞い」は、**サンドボックス**と呼ばれる仮想空間内で、対象となるプログラムを実際に動作させることで検証しています。サンドボックスは、仮に攻撃されたとしてもサンドボックス外には影響が出ないテスト用の空間であり、この中であればマルウェアが動作したとしてもコンピューター自体が感染することはありません。振る舞い検知は、**動的ヒューリスティック検知**とも呼びます。

なお、**静的ヒューリスティック検知**というものもあり、そちらも振る舞いを検知するのですが、実際に動作させるのではなくプログラムを読み取って「振る舞い」を分析しています。

	ヒューリスティック検知	
パターンマッチング	静的 ヒューリスティック検知	**振る舞い検知（動的 ヒューリスティック検知）**
ファイル構成を 分析する	プログラムから 振る舞いを分析する	プログラムを動かして 振る舞いを検証する

▲ さまざまな検知手法

現時点では、振る舞い検知が搭載されているセキュリティソフトは企業向けのものに留まっており、一般の人が簡単にAIの検査ツールを使えるようにはなっていませんが、セキュリティソフトはサイバー攻撃の進化に対応して進化し続けています。

46 ネットワークからの攻撃を検知する

ネットワーク経由でやってくる通信が通常の通信なのか攻撃なのかを見分ける手法としては、以下のようなリストに該当するかどうかで判断する手法があります。

- 許可されたポートに来ているか
- 許可されたアドレスから来ているか

　攻撃を見分けるリストは**ブラックリスト**、通常の通信を見分けるリストは**ホワイトリスト**といいます。**リストによる検知**は、ファイアウォールなどにルールとして組み込まれています。

このほかに、最近では**アノマリ検知**(異常検知)という手法があります。アノマリ検知は、その通信の特性(接続時間、通信方式、接続者、操作の種類など)を見て、通常と異なる振る舞いがあれば異常の疑い有りとして検知する手法です。たとえば、一般の従業員が9時〜17時の就業時間中にアクセスするシステムに対して深夜にアクセスがあれば、それは通常と異なるため異常の疑い有りとして検知する、といった具合です。

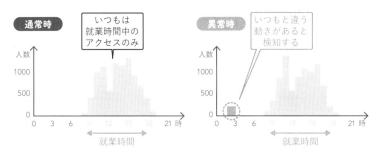

▲ アノマリ検知で異常を発見する

　この手法は、クラウドサービスでもよく使われています。たとえばGmailなどのサービスを利用しているとき、普段とは違うデバイスでアクセスすると「通常とは異なる環境でアクセスがあった」と連絡がくることがあります。これはアノマリ検知を活用して、なりすましの疑いを検知しているのです。

　アノマリ検知にも、機械学習がよく用いられています。

㉑で、可用性に対する攻撃の対策として「不正アクセスを検知・防止するソフトの導入」を挙げました。この「ソフト」は、ファイアウォール・IDS/IPS(㉘ 参照)・WAF(㉚ 参照)などです。どれも通信を監視したり不正な通信を遮断したりするシステムですが、それぞれ少しずつ役割が違います。

⑮で紹介したように、インターネットはTCP/IPというしくみにもとづいています。そしてTCP/IPでは、通信とは**ネットワークインタフェース層・インターネット層・トランスポート層・アプリケーション層**の4つから成り立っている、と考えます。これを**TCP/IPの階層モデル**といいます。

ファイアウォール・IDS/IPSとWAFは、それぞれはたらく層と役割が、少しずつ異なります。

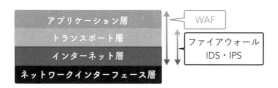

▲ ファイアウォール・IDS/IPS・WAFの違い

ざっくり述べると、**外部との通信を監視しているのがファイアウォールとIDS、IDSが検知した脅威を遮断するのがIPS**で、これらは外部との通信を行う「**インターネット層**」や「**トランスポート層**」**を対象**としています。一方、**WAFはメールやゲームなどが実際に動作するアプリケーション層を中心に監視し、脆弱性への攻撃を検知・通信の遮断などを行う**しくみです。対象層も役割も、少しずつ違うというわけです。

5 サイバー攻撃の しくみを知ろう

本書の最後に、サイバー攻撃自体のしくみを解説します。サイバー攻撃は非常に
種類が多いのですべてを紹介することはできませんが、ニュースなどで見かける
ことの多いものを中心にまとめました。しくみと同時に、その攻撃への対策も紹
介します。

47 みんなパスワード認証を やめたがっている

　今日、みなさんは多くのサービスでパスワードを使っていると思います。そのパスワードは、どのように設定していますか？

1. 覚えきれないから誕生日（月＋日の4桁）にしている
2. 自分が好きな言葉にしている
3. すべてのサービスで同じパスワードを使っている

　残念ながら、これらはすべて攻撃によって破られてしまう可能性が高い、危険なパスワードです。

㉓で触れたように、パスワードは認証手段の1つです。簡単に推測できるものを設定してしまうと、なりすまし被害に遭う危険性が高まります。

しかし、私たちが日常的に使うWebサービスは、たいていの場合1つや2つではありません。数十種類、人によっては数百種類ものパスワード制のサービスを利用していることでしょう。これら**すべてのサービスにおいて推測されにくいパスワードを個別に設定し、すべて記憶しておくのはほぼ不可能**です。そのため、誰もが「簡単なパスワードではいけない」「パスワードを使い回してはいけない」と思いつつも、覚えやすいものを設定してしまうことが多い、という現状があります。

サービスの管理側からすると、このような弱いパスワードはできるだけ使ってほしくありません。しかし、だからといってパスワードの設定条件をあまり複雑にしてしまうと、利用者側は覚えられなくなってしまい、サービスから離脱しかねません。

簡単にすれば覚えやすいが攻撃に弱くなる、複雑にすると攻撃には強くなるが覚えられなくなる。これこそが、パスワード認証がずっと抱え続けているジレンマです。近年ではパスワード管理ツールやブラウザがパスワードを記憶してくれますが、管理ツールやブラウザの情報が漏れてしまえば意味がありません。便利ではありますが、根本的な解決策とまではいえません。

本当は管理側も利用側も、パスワード認証はやめてしまいたいのです。しかし完全に置き換えられるような認証方法がないので、やむを得ず使われ続けています。この問題は容易には解決できないので、私たちもまだまだパスワードを使わなければならないでしょう。

ですから当面のあいだは、パスワードに関する知識が必要です。ここでは、さきほどの**1〜3**のパスワードが具体的にどんな攻撃で破られてしまうのか、順に確認していきます。

48　総当たり攻撃

　4ケタの数字のパスワードを考えてみましょう。攻撃者が「パスワードは4ケタの数字である」と知っていた場合、不正アクセスにより「0000」を試してみて、ダメだったら次は「0001」、その次は「0002」と、「9999」までの4ケタの数字の組み合わせをすべて試していくでしょう。

　この場合、「0000」から「9999」まで、実に1万通りの組み合わせを試すことになります。1万通りと聞くと膨大な手間に思えますが、コンピューターで自動化すれば一瞬です。

　こういった文字の組み合わせをすべて試す攻撃を、**総当たり攻撃**（**ブルートフォース攻撃**）といいます。

では、数字だけでなくアルファベットの大文字と小文字も使った、8ケタの組み合わせではどうでしょうか？　下の図に示すように、使える文字の種類は62種類です。

Aa-Zz		0-9		password
アルファベット	+	数字	=	パスワードに使える文字
26文字 × **2**種類 ＝ 52種類		10 種類		62 種類

▲ パスワードに使える文字の種類

　これで8ケタのパスワードを作るとき、組み合わせの種類は62の8乗となり、計算すると2×10^{14}となります。つまりこのパスワードには、0が14個並ぶケタ数の組み合わせがあるということです。これで十分でしょうか？

パスワードのケタ数

$$62^{8} = 2 \times 10^{14}$$

使える文字の種類　　　　0が14個並ぶ数字

▲ パスワードの組み合わせの計算

　残念ながら、答えはノーです。㊳で「破られてしまったため安全ではなくなった暗号」として触れたDESは、暗号鍵の長さが56ビット[29]です。1と0の2通りの組み合わせが56ケタですから2の56乗、計算すると7×10^{16}となり、さきほどの英数字8ケタの例より組み合わせの種類が多いことがわかります。この長さでも1999年に突破されてしまったのです。

※29　**ビット**とは、コンピューターで処理できる最小単位のことです。㉞で紹介した機械語は0と1の組み合わせでできており、この0か1のどちらかが入る単位をビットと呼びます。

当時と比べるとコンピューターの性能は格段に進歩しているので、いまでは数時間程度で突破されてしまうでしょう。さらに、現在ではクラウドサービスがあるので、お金さえかければ計算に必要とされるコンピューターの性能は手に入ります。したがって、パスワードの安全性については「どのくらいの時間をかければ解かれるか」ということよりも、「どのくらいお金をかければ解かれるか」を考えるべきでしょう。

　こういった事情から、どの程度の強度のパスワードだったら安全ということは一概にはいえません。ただ、2023年現在、**アルファベットの大文字小文字・数字・記号を組み合わせて10ケタ以上**というパスワードを推奨するサイトが増えてきています。

　ここまでパスワードを総当たりする攻撃を説明してきましたが、その逆も存在します。それが**リバースブルートフォース攻撃**です。リバースブルートフォース攻撃は、「1234」「password」などの推測しやすいパスワードを仮置きして、IDに対して総当たりを行います。

　単純なパスワードを設定してしまうと、パスワードだけでなくIDに対する攻撃に対しても脆弱になってしまいます。リバースブルートフォース攻撃を防ぐ意味でも、推測しづらいパスワードを使うことは重要です。

**パスワード変更はどうして
面倒なの？**

　パスワード変更をしたことがある人は、「なんであんなに面倒なんだ？」と思ったことはないでしょうか。たいていのサービスでは、パスワードを変更しようとすると、個人情報の入力を求められたり、秘密の質問に答えなければいけなかったり（そんなの覚えていない！と頭を抱えた経験のある方も多いはずです）、メールアドレスに送られた確認番号を入力しないといけなかったりと、なにかと手間がかかります。問い合わせたら元のパスワードを教えてくれたらいいのに、と思うこともあるかもしれません。しかし、この面倒くささには理由があります。

　まず、パスワードを教えられない理由は、**システム側でもパスワードをそのまま持ってはいない**からです。㊲で説明したように、**パスワードはハッシュ化という変換をして保管している**ので、**元に戻すのが難しい**のです。もし「問い合わせたらパスワードをそのままメールで送ってくれた」といったサービスがあったら、セキュリティに不安があると考えたほうがよいでしょう。

　また、パスワード変更時にいろいろ答えたり入力したりしないといけないのは、**パスワードを忘れたと申請しているのが本当に本人かどうかを確実に確認するため**です。通常であれば、正しいパスワードを入力してもらうことで認証できるのですが、それができないために、慎重に本人確認を行う必要があるのです。

49 辞書攻撃

複雑なパスワードは覚えづらいので、覚えやすい単語を設定するのは自然な発想です。しかし、最近のパスワード解読ツールは、覚えやすい単語が設定されていることを想定して**単語辞書**を使っています。「password」や「admin」など、辞書にある単語を当てはめて1つずつ試していくのです。

　辞書に登録されている単語を試していく攻撃のことを、**辞書攻撃**（Dictionary Attack）、あるいは**リスト型攻撃**とよびます。

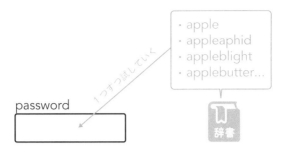

password

▲ 辞書に載っている単語を1つずつ試していく

　筆者はzipファイルのパスワードがわからなくなったときに、辞書攻撃と総当たり攻撃を組み合わせた解析ツールを使ったことがあります。6文字程度のパスワードだったら数分〜数十分で解けてしまい、びっくりしたことを覚えています。

　自分がパスワードを忘れてしまったときに使うぶんには便利ですが、こういった技術は攻撃にも使われます。意味のある単語のパスワードを突破することは容易なので、**パスワードに単語を使うことはおすすめできません。**

　総当たり攻撃や、次項で説明するアカウントリスト攻撃や総当たり攻撃にもいえることですが、**パスワードやIDに対する攻撃は、たいてい複数回の試行を要します。**そのため、サービス提供側は「パスワードエラーの回数に応じてアカウントをロックする」などの機能を設けていることがあります。ほかにも、23で紹介した「生体認証を併用する」などの二段階認証を用いれば、パスワードに対する攻撃による不正アクセスの危険性を低減することができます。

50 アカウントリスト攻撃

パスワードに意味のある単語は使えない、英数字と記号を混ぜた長い文字列にしないといけない、たくさんのサービスパスワードを設定しないといけない、となると、1つのパスワードを複数のサービスで使い回したい、と思うのは自然なことでしょう。筆者もよくわかります。しかし、これもセキュリティを考えると危険な行為です。

たとえば、サービスA・B・C・Dで同じパスワードを使い回していたとします。このとき、サービスAでパスワードの漏えい事故が起きてしまうと、第三者に「パスワードとして使われていた文字列群」が流出することになります。さらに、漏えいしたパスワード情報は闇市場で売られる場合があります。

攻撃者はこういった既知のパスワード情報を市場で購入し、それを使ってパスワード攻撃を仕掛けてきます。㊾の辞書攻撃は辞書に登録されている単語で攻撃を仕掛けてきますが、こちらは「どこかでパスワードとして使われていた文字列」のリストを使っています。サービスB・C・DはサービスAと同じパスワードを使っているため、この攻撃を受けると破られる可能性が高いです。

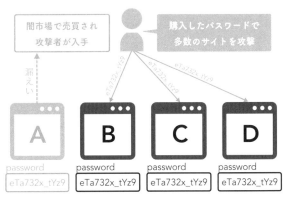

▲ 流出したパスワードが他サイトの攻撃に利用される

　このような、既知のユーザーIDやパスワードをリスト化して試していく攻撃を、**アカウントリスト攻撃**とよびます。

　この攻撃への対策は、再三繰り返しているように**複数サイトで同じパスワードを使い回さないようにすること**です。最近はランダムなパスワードを人間の代わりに生成してくれるツールや、パスワードを覚えておいてくれる管理ツールなども無料で使用できるので、これを活用するのも1つの手です。

51 DoS攻撃とDDoS攻撃

D oS攻撃という言葉は、報道などで比較的よく聞く言葉だと思います。**DoS攻撃**とは英語の**Denial of Service**の頭文字を取ったもので、日本語では**サービス妨害攻撃**や**サービス拒否攻撃**とよばれることもあります。

　DoS攻撃は、対象のサーバーなどに大量の通信データを送りつけてサーバーの処理負荷を増大させ、ダウンさせる攻撃です。この攻撃の目的は、そのサーバーで提供しているサービスや機能を提供できなくすることです。最も単純な手法として、Webページを再読み込みする機能をもつF5キーを連続して押し続ける**F5攻撃**があります。

▲ DoS攻撃

　短時間で爆発的な回数アクセスを繰り返すなどしてサーバーに負荷を与えると、⑮で紹介した「リクエストに対してはレスポンスを返す」などの正常な動作ができなくなってしまいます。この正常な動作ができなくなっている状態を**サーバーダウン**とよび、サーバーダウン中は、ユーザーは適切なサービスを受けることができません。たとえばネットショップであれば商品を購入できず、場合によってはサイトすら表示されない状態が続くため、ユーザーはサービスから離脱してしまうでしょう。

　ただし、1台のコンピューターから集中的に攻撃されている場合、「そのコンピューターからの通信を遮断する」などの方法で容易に防御できます。⑮で「デバイスを示す住所」として紹介したIPアドレスを利用すれば、そういった対処も容易なのです。
　しかし、この防御方法では対処できない攻撃方法があります。それが**DDoS攻撃**（Distributed DoS攻撃）です。DDoS攻撃とは複数のコンピューターで分散して行うDoS攻撃のことで、多数のコンピューターから一斉に攻撃を行います。攻撃してくるIPアドレスが大量にある場合、個別に遮断していくことではとても対応できません。

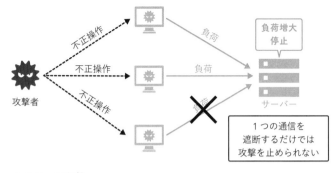

▲ DDoS攻撃

DDoS攻撃で使われる複数のコンピューターは、往々にして攻撃者が所有するPCではなく、まったく無関係の他人のPCです。マルウェア感染などによって意図せずDDoS攻撃に利用されてしまうPCのことを**ボット**や**踏み台**いい、こういった第三者を介した攻撃のことを**踏み台攻撃**とよびます。マルウェアに感染してしまうと、気づかないうちに自分のPCが攻撃の踏み台にされてしまう可能性があります。

ボットにされてしまうのはPCだけではありません。最近では、ネットワークカメラなどのIoT機器が狙われるケースが増えています。IoT機器はPCよりもセキュリティ対策が甘く、パスワードが容易に推測できる場合が多いためです。

2016年には、**Mirai**とよばれるマルウェアが多数のIoT機器をばらまかれサーバーにDDoS攻撃を行い、TwitterやNetflixなどのサイトにアクセスできなくなる事件が起きました。

マルウェアに感染したコンピューターは、特定のサーバーからの**命令**（コマンド）やコントロールを受けつけるようになります。このコマンドとコントロールを行うサーバーのことを、**C ＆ C サーバー**（コマンド＆コントロールサーバー）とよびます。さきほど説明したボットは、C ＆ C サーバーの命令を受けつけるようになったコンピューターのこといいます。

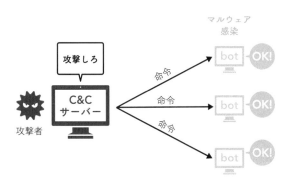

▲ C ＆ C サーバーとボット

　C&Cサーバーは、多数のボットに対して、指定したタイミングで一斉にターゲットのサーバーに攻撃するよう命令します。このようにして、多数のコンピューターによるDDoS攻撃が実行されます。

52 DDoS攻撃への対策

DoS攻撃への対策は、おもに攻撃を受ける側、つまりサービスの提供側が行います。対策の考えかたは、**攻撃が集中しても負荷に耐えられるようにする**ことと、**攻撃そのものを軽減・遮断する**ことの2種類に分けられます。

　負荷に耐えられるようにするには、サービス開発時点で「どの程度のDDoS攻撃まで耐えられるようにするか」という設計が必要となります。DDoS攻撃は負荷を与えてサービスのリソースを使い切ることでサービスを停止に追い込む攻撃なので、原理的には、リソースが多ければ多いほど攻撃に耐えやすくなります。

ただし、DDoS攻撃のみに備えてリソースを確保するのは、普段のサービス運営においては無駄なことです。このあたりのバランスを設計時に考えておくべきでしょう。

　攻撃を軽減・遮断するためには、通常の通信と攻撃の通信を見分けて、攻撃の通信のみを遮断する必要があります。㉘で紹介したIDS/IPSは、こういった不正な通信を検知して遮断してくれます。ほかにも、提供しているサービスがWebサービスの場合、**WAF**(Web Application Firewall)が対策として有効です。WAFはDDoS攻撃だけでなく、後述するインジェクションやバッファオーバーフローなどの、脆弱性に対する攻撃にも有効です。IDS/IPSやWAFなどを組み合わせて、多層防御(㉜ 参照)態勢を整えておくとよいでしょう。

　ほかにも、近年では多くのサービスが、DDoS攻撃に強いとされる**C D N**(Contents Delivery Network)というプラットフォームを利用しています。CDNは「同じコンテンツのキャッシュ(一時的なコピー)をネットワーク上に分散してもたせる」というしくみで、DDoSで1つのサーバーがダウンしても、キャッシュを利用して攻撃の影響を少なくできます。ただし、CDNそのものに障害が起きるとそのCDNを利用しているサービスすべてが影響を受けてしまうため、CDNには障害への強さが求められます。

　これらの対策において、一般のユーザーができることはありません。そのため、自分がいつも使っているサービスがDDoS攻撃を受けてしまった場合は、復旧の邪魔をせずに待つ以外のことはできません。

　しかし、そもそも多くのDDoS攻撃は、大量の端末をボットとして操作することで実行されます。そのため、マルウェアの感染を防ぎボット化を避けることは、間接的にDDoS攻撃を発生しづらくすることにもつながるでしょう。

53 インジェクション攻撃って なんだろう?

インジェクション攻撃とは、ソフトウェアに不正な入力を加えて、そのソフトウェアに意図しない挙動をさせる攻撃です。

　たとえば、次ページの図のような「おたより自動作成アプリ」があったとします。このおたより自動作成アプリは、「おひさしぶりです。みんな元気ですか?私は○○です。」の「○○」の部分に、ユーザーが入力した値を埋め込んでおたより文を生成し、サーバーを経由して実家に送るものです。「○○」に入る値はアプリ側であらかじめ選択肢として用意しておき、ユーザーにはそこから選択してもらうようにします。

▲ おたより自動作成アプリ

　普通に利用するぶんには、このアプリには問題がないように思えます。ところが攻撃者は、このアプリが入力された値を埋め込むことを悪用して、選択肢を使わずに自分で「多額の借金ができて困っています。100万円を振り込んでください。XX銀行の普通口座で、口座番号は1234567」と入力しました。すると、次のような文章が生成されます。

▲ 不正な入力によりサービス提供側が意図しない動きをする

　このように、意図しない形のおたよりが作成されてしまいました。インジェクション攻撃による不正な文字列の入力は、上の例のように詐欺に利用されたり、あるいはデータ改ざんに用いられたりします。

インジェクションは、不正な入力を行うことでアプリやサーバーなどの動きに干渉します。情報を抜き取ったり、改ざんしたり、不正にダウンロードしたりすることが可能です。そのため、インジェクション攻撃は、サービス提供側のみならずユーザーにも大きな不利益をもたらす可能性があります。

入力する言葉を変えることで詐欺に利用されてしまう、というのは想像しやすいと思いますが、情報が抜き取られたり改ざんされたりする、というのはピンとこないかもしれません。さきほどはわかりやすくするために日本語の文章を例に説明しましたが、実際に書き換えられてしまうのは、**データベースやOSに対して指示を行う特殊な言語**です。命令が書き換えられてしまうので、意図しない挙動を行ってしまう、ということです。この言語や挙動については、(54)や(55)でくわしく説明します。

インジェクション攻撃には、後述するSQLインジェクションやOSコマンドインジェクションだけでなく、Webサイト上で不正な**スクリプト**※30を動作させる**クロスサイトスクリプティング**（**XSS**）もあります。XSSはデータベースやOSではなく、ユーザーのブラウザ上で不正なスクリプトを実行し、個人情報などを流出させます。ユーザーができる対策は、ほかの多くの攻撃と同様に、**ブラウザなどのアプリのバージョンを最新に保ち、セキュリティソフトを導入すること**です。

※30　スクリプトとは、「ポップアップを出す」「来訪者をカウントする」などの、少し複雑な機能をWebサイトに実装するための簡易的なプログラムのことです。Webサイトは**HTML**という言語で作られていますが、HTMLだけでは作れない機能をフォローするプログラムがスクリプトだ、と思ってください。

「必要になったら学べばいい」では遅い理由

　サイバーセキュリティの知識が求められるのは、どんなときでしょうか？

　「学校で学ぶことになった」「情報系の資格試験を受ける必要が出てきた」「会社でセキュリティ担当者にされた」など、さまざまなきっかけがあるでしょう。しかし、最も切実に「サイバーセキュリティの知識と技術がほしい」と感じるのは、**実際にサイバー攻撃による被害を受けたそのとき**です。

　サイバーセキュリティは、事故を起こさないため、そして起こってしまったときに被害を極限するための知識です。ですから、必要性を実感するのが「事故が起こったそのとき」であることは珍しくありません。しかし、この本をひととおり読んでいただいた方ならわかるはずです。一口に「サイバーセキュリティ」といっても、その範囲は「暗号」「認証」「マルウェア」「ネットワーク監視」「法律対策」など非常に幅広く、一朝一夕で身につくものではありません。事が起こってから学ぶのでは、とうてい間に合わないのです。

　Webサービスをよく利用する人なら、自分が使っているサービスからパスワードや個人情報が流出した経験をもっている人も多いと思います。そうなったときに、もしサイバーセキュリティの知識がなくパスワードを使い回していたら、ほかのサービスでも不正引き出しなどの被害を受けるかもしれません。しかし**ちゃんと知識をもっていれば**、そのサービスのパスワードだけをすぐに変えることで**被害を抑えることができます**。

　この本を読んでくださった方が、サイバー攻撃は身近な脅威であることを理解して、自分でできる対策を始めてくれたら、本当に嬉しく思います。

54 データベースや OSのための言語

さきほどはわかりやすいように日本語の文章で説明しましたが、実際にインジェクション攻撃で使われる言語は、データベースの操作言語である **SQL** や **OSのコマンド** などです。

アプリなどがデータベースに問い合わせをするときに使われるSQL言語を利用したインジェクションのことを、**SQLインジェクション** とよびます。SQL言語は、データベースから情報を取得したり、操作したりするための言語です。Webアプリなどからデータベースにアクセスする場合に使われます。

たとえば、あなたがインターネットバンキングにスマホのアプリやブラウザでログインしたとします。あなたの端末のアプリやブラウザは、まずサーバー上のアプリにアクセスして処理を行い

ますが、多くの場合そこからデータベースにアクセスします。顧客情報、口座情報、パスワードなどのデータは、データベースに格納されているためです。

　サーバー上のアプリは、SQL言語を使ってデータベースにアクセスします。具体的には、アプリで入力された要求内容に応じて、SQL言語の文を組み立ててデータベースに命令を行います。この文は、データベースに対して「この条件と一致するデータを探して」という命令を行うものです。このとき攻撃者が介入することによって、サーバー側が本来意図している操作とは異なる操作を行うよう誘導してしまいます。

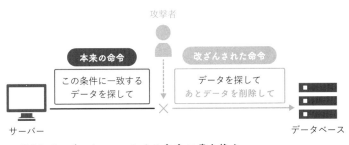

▲ SQLインジェクションによる命令の書き換え

　この例の場合は、攻撃者による不正な入力により、「データを削除する」という命令が出されてしまいました。このように、**SQLインジェクションはデータへの干渉を行います**。

　SQLインジェクション以外にも、ソフトウェアからOSコマンドを実行するとき不正な入力を行う**OSコマンドインジェクション**があります。アプリはデータベースの代わりにOSに対する操作を行う場合があり、その場合はSQL言語ではなく、OSに用意されているコマンドが使われます。こちらもデータの改ざんや削除などを行う危険な攻撃です。

55 インジェクション攻撃の しくみ

具体的な攻撃の流れを説明します。入力フォームに名前を
入力すると、その名前と一致する人の情報をブラウザに

すべてのデータ項目
を取ってくる　　　　　行動の範囲の指定

SELECT * FROM 表名 WHERE name = "山田"

データベース内の
「表」という構造から
データを取ってくる

行動の指定

「表名」で指定した
表データ内を探せ

対象の指定

「表名」内の「name」という
データ項目が「山田」と完全一致
するものを探せ

条件の指定

▲ Webアプリで生成されるSQL文

表示するWebアプリがあるとします。入力が「山田」であった場合、Webアプリ側は前ページの図のようなSQL文を生成します。

SELECTは**データベースの表という構造からデータを取ってこい**という意味、* という記号は**すべてのデータ項目を取る**という意味、FROM表名は**表名で指定した表データの中を探せ**という意味、WHERE以下は**探すものの条件**です。この文は、ユーザーの問い合わせ内容によって「山田」の部分が毎回変わるので、問い合わせのたびに次のように文字列を連結して作られます。

毎回変わる

SELECT * FROM 表名 WHERE name = " 山田 "

いつも同じ

▲ 毎回変わる部分とほかの部分を連結して文を作る

このとき「山田」ではなく「";DELETE 表名;-」という文字列を入力すると、次のようなSQL文が生成されます。

新しい指示文の追加が
成立してしまっている

表を削除しろという指示

SELECT * FROM 表名 WHERE name = " " ;DELETE 表名 ;- "

"" 内が空欄なので「name が空欄のデータを探せ」
という指示になり、文が完結してしまっている

▲ インジェクションによる命令改ざんの例

この文は、セミコロン(;)によって2つの文に分かれます。最初の文はデータを参照するものですが、指定されたnameの値が""ですから、nameになにも入っていないものを探せという指示になります。セミコロンに続く2つめの文は、表名で指定した表をデータごと削除するというものです。つまり、**データベース内の情報が破壊されてしまう**のです。

(56) インジェクション攻撃への対策

インジェクション攻撃は、意図しない文の挿入により、データの改ざんや破壊、秘密情報の暴露、不正ログイン、コマンドの実行などを行います。攻撃を防ぐ最もシンプルな方法は、**意図しない命令に書き換えられないように文の構造を固定すること**です。(55)で説明した攻撃の例では、攻撃者が考えた文字列によって、本来の命令(データの参照)に不正な命令(データの消去)が付け足されて、命令文の構造が書き換えられてしまいました。

意図している操作が参照だけなのであれば、その文では参照のみを行い、データの削除や更新を行う書き換えは受けつけないようにすればインジェクションを防ぐことができます。これは、アプリのプログラムの構造を変えることで実現できます。

一部のプログラミング言語環境では、呼び出しのSQL文を定型文として定義することができます。この定型文のことを、**プリペアドステートメント**[※31]（準備済みの文）とよびます。プリペアドステートメントを使えば、あとから入ってくる可変の値（**パラメータ**）を除いて、文を固定化できます。下の図でいえば、緑背景の「″;DELETE 表名;-」がパラメータです。

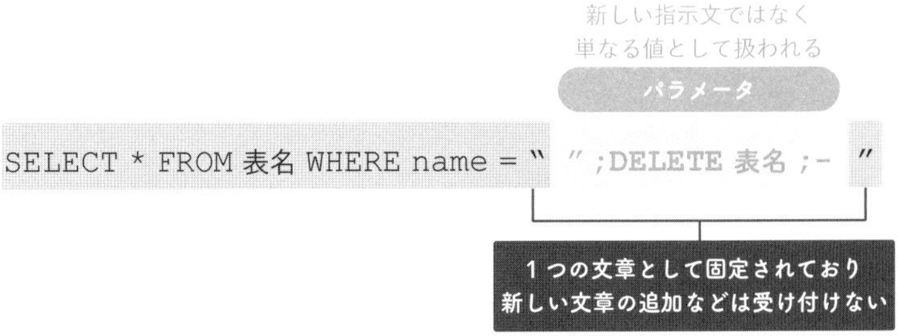

新しい指示文ではなく
単なる値として扱われる

パラメータ

SELECT * FROM 表名 WHERE name = " ″ ;DELETE 表名 ;- ″

1つの文章として固定されており
新しい文章の追加などは受け付けない

▲ プリペアドステートメントで文意を固定する

　パラメータはあくまで「値」であり、この例でいえば「nameを指定する」以上の役割を果たせません。「″;」などで新規の命令文を付け加えようと思っても、それらはすべてパラメータとして処理され、新規命令文とはみなされません。このしくみを、**パラメータバインド**とよびます。

　開発者がこれらのしくみを使ってプログラムを作っていれば、そのアプリがSQLインジェクションで被害を受けることはなくなります。ただし、使っているアプリでこれらのしくみが使われているかどうかユーザーが調べるのは困難なので、**インジェクション攻撃に対してユーザーができる対策は、残念ながらありません**。ユーザーに被害を出さないよう、開発者が注意すべきことだといえるでしょう。

※31　**プレースホルダー**や**バインド機構**ともよびます。

57 メモリのしくみ

　JVN※32などで公開されている脆弱性届出の情報を見ていると、「この攻撃により、第三者が任意のプログラムが実行できる可能性があります」という文言をよく目にします。自分のスマホやPCで第三者が任意のプログラムを実行できるとしたら、それは乗っ取られていることとほぼ同義です。

　ここで紹介する**バッファオーバーフロー攻撃**は**メモリ破壊攻撃**の1つで、コンピューターのメモリを操作して攻撃者が送り込んだコードを実行させ、任意のプログラムを実行する状態を作り出してしまいます。まずはメモリについて説明します。

※32　脆弱性のデータベースの1つ。⑭参照。

メモリとは、データを記録する部品のことです。メモリの内部は細かく分割されており、その分割された領域ごとに**アドレス**（番地）が設定されています。現代で使われているほぼすべてのコンピューターでは、このメモリ空間上にデータとプログラムが同居しています。

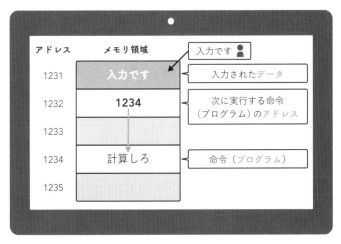

▲ メモリにはデータとプログラムが同居している

　プログラムや処理中のデータがメモリ上に置かれたとき、そのお隣のメモリ空間には、次に実行する命令があったり、プログラムの次の行き先のアドレスが書いてあったりします。上の図のアドレス1231（緑の部分）は、プログラムの実行中に一時的にデータを格納する領域（バッファ）です。その次のアドレス1232には、次に実行する命令のアドレスが書いてあります。コンピューターは1232に収められている値を見て、そのアドレスにある命令を実行します。現代のコンピューターは、このように順序立ててプログラムを実行していきます。

58 バッファをあふれさせる①
異常終了

入力を受けつけるメモリの領域のことを、**バッファ**とよびます。バッファの大きさは、プログラムを書くときに、どの程度までの大きさの入力を受けつけるかよって決めます。たとえば8文字まで入力できるようにするなら、8文字ぶんの大きさのバッファが確保されて、プログラムが動きます。

次ページの図の例では、濃い灰色で示したバッファの部分には4文字のデータを入力できます。そこに8文字のデータを入れるとバッファの容量を超過してしまうので、残りの4文字があふれて次の領域に入ってしまいます。

本来、緑色の部分には、次に実行する命令が格納されているアドレスが示されているはずなのですが、超過したデータによって、存在しないアドレスを指すようになってしまいました。

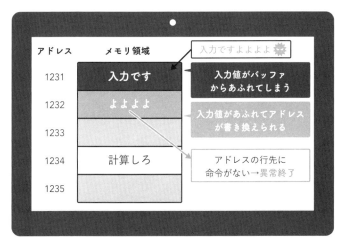

▲ バッファオーバーフローによる異常終了

　プログラムは順序立てて動くものです。ですから、次の命令が格納されているアドレスが示されているはずの場所で、存在しないアドレスや命令のないアドレスが示されていると、プログラムは実行できなくなって停止してしまいます。

　このように、バッファをあふれさせることによって、プログラムを異常終了させることができます。このバッファをあふれさせる行為を、**バッファオーバーフロー**といいます。

59 バッファをあふれさせる② アドレスの書き換え

異常終了の例をもう少し工夫すると、攻撃者は任意のプログラムを実行できるようになります。

まず、アドレス1232を書き換えられるように、あふれさせるデータを作ります。このとき、1232をあふれさせる領域には、攻撃者が実行したいプログラムの先頭となるアドレスを入れておきます。さらに、攻撃者が実行したいプログラムも、「入力データとして」追加します。

この状態でデータを入力すると、命令の実行先アドレスが攻撃者が実行したいプログラムのアドレスになってしまい、攻撃者のプログラムを実行してしまいます。

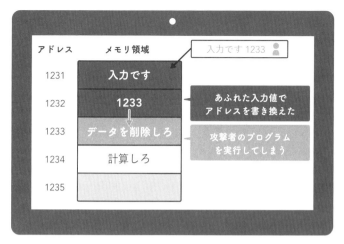

▲ バッファオーバーフローによる任意のプログラム実行

　このように、バッファオーバーフローを利用することで、攻撃者は任意のプログラムを実行できるようになります。2000年に発生した官公庁のWebサイト改ざん事件では、バッファオーバーフローにより管理権限を奪うことで、**科学技術庁や総務省をはじめとした複数の官公庁でWebサイトの改ざん**が行われました。ほかにも、バッファオーバーフローを利用してマルウェアに感染させることで、**DDoS攻撃のボットとして利用されてしまう**被害も多く報告されています。

　バッファオーバーフローが発生してしまう原因は、「入力されたデータがバッファの許容量を超えていないか確認するしくみがない」などの脆弱性です。では、この脆弱性を発生させないためにはどうすればよいのか、次の項目で説明します。

60 バッファオーバーフローへの対策

バッファオーバーフローを起こさないために、開発者が行う対策をいくつか紹介します。いずれも、システムを設計しプログラムを書くときに実行すべきことです。

- 入力時にバッファのサイズチェックを行う
- 入力データがあふれたときはエラーとする
- データを入力するメモリ領域ではプログラムを実行できないようにする
- 攻撃者がアドレスを自由に設定できないように、プログラム内部で使うアドレスを固定ではなくランダムにする

バッファオーバーフローは、言語や関数によって起こりやすさが異なります。たとえば、**C**（シー）や**C++**（シープラプラ）といったプログラミング言語は特定の関数においてバッファオーバーフローの懸念があり、逆に**Java**（ジャバ）というプログラミング言語は比較的バッファオーバーフローに強いといわれています。

とはいえ、CやC++が危険な言語というわけではありません。むしろ非常にメジャーであり、優れているところも多い言語です。そのため、CやC++で開発を行わないというのは現実的な解決策ではありません。上で挙げたような**サイズチェックなどを確実に行うプログラムを書くこと**、あるいは**自動的に行ってくれるライブラリ**※33**を使用すること**などが対策として考えられるでしょう。また、(52)で紹介したWAFの導入も対策として考えられます。

ただ、バッファオーバーフローにはさまざまな攻撃のバリエーションがあります。今回説明したしくみは最も単純なもので、多種多様な攻撃を完全に防ぐのは難しいのが現状です。

一般のユーザーにできる対策は、やはり**OSやアプリのバージョンを最新に保つこと**と、**セキュリティソフトを入れておくこと**です。また、JVNなどで日常的にアプリケーションの**脆弱性情報に注意しておくこと**も有用でしょう。

※33　特定の機能を実行できるようにまとめられたプログラム群のこと。特定の計算をするものや、グラフを描くもの、音を鳴らすものなど、さまざまな種類のライブラリがあります。

おわりに

「はじめに」で、この本の最終目的は**一般ユーザーとして十分な知識を身につけること**だと書きました。ここまで読んでくださった方なら、必要な知識は十分身についているはずです。これからは、身につけた知識を身近なところから活用していってください。たとえば、パスワード周りにはわかっていてもやってしまうことが多々あります。本書をきっかけに、小さなことでも改善しようと思ってもらえたなら嬉しく思います。

最後に、本書内で説明した一般ユーザーが行えるサイバーセキュリティ対策をまとめておきます。

▼ ユーザーが行えるサイバーセキュリティ対策

対象	セキュリティ対策の内容	関連項目
デバイス	ディスプレイが人から見える場所で重要な情報を見ない、入力しない	ショルダーハッキング（⑨参照）
	紙やデバイスを紛失しない	トラッシング（⑨参照）
	OSやブラウザなどのバージョンを最新に保つ	脆弱性、エクスプロイト（⑬⑭参照）
	デバイスを破棄するときは完全にデータを消去するか、物理的に破壊する	トラッシング（⑨参照）
パスワード	紙に書き出さない	トラッシング（⑨参照）
	簡単な単語にしない	総当たり攻撃、辞書攻撃（㊽㊾参照）
	使い回さない	アカウントリスト攻撃（㊿参照）
メール	添付ファイルを開かない、開く場合は送信元を確認する	マルウェア（③⑪参照）
	不要な場合はソフトウェアのマクロ機能をオフにしておく	マルウェア（③⑪参照）

Web閲覧	「https」ではなく「http」ではじまるURLのサイトに重要な情報を入力しない	プロトコル、暗号化（⑮㉖参照）
その他	デバイスにセキュリティソフトを入れる	脆弱性、エクスプロイト（⑬⑭参照）
	相手が警察やIT部門を名乗っても、IDやパスワードなどを安易に回答しない	フィッシング（②⑩参照）

続いて、この本で紹介したサイバー攻撃についてもまとめておきます。攻撃の種類を「脆弱性への攻撃」としたものは、不正アクセスやなりすまし、情報改ざんなど、当該脆弱性に応じてさまざまな被害をもたらします。

▼ この本で紹介したサイバー攻撃

攻撃の名称	攻撃の種類	関連項目
フィッシング	詐欺、なりすまし	②⑩参照
マルウェア感染	感染拡大、なりすまし、踏み台攻撃	⑪(51)参照
ポートスキャン	不正アクセス	㊹参照
総当たり攻撃	不正アクセス、なりすまし	㊽参照
辞書攻撃	不正アクセス、なりすまし	㊾参照
アカウントリスト攻撃	不正アクセス、なりすまし	㊿参照
DoS攻撃	サービス妨害	⑥(51)参照
DDoS攻撃	サービス妨害	(51)(52)参照
ゼロデイ攻撃	脆弱性への攻撃	⑭参照
SQLインジェクション	脆弱性への攻撃	(54)参照
OSコマンドインジェクション	脆弱性への攻撃	(54)参照
XSS	脆弱性への攻撃	(53)参照
バッファオーバーフロー	脆弱性への攻撃	(58)(59)参照

サイバーセキュリティ対策の基本的な考えかたや技術について
もまとめておきます。

▼ この本で説明したサイバーセキュリティ対策の考えかたや技術

要素	手段・概念	関連項目
機密性・完全性の保持	認証	㉒ ㉓ 参照
	認可（アクセス制御）	㉔ ㉕ 参照
	暗号化	㉖ ㊱ ㊲ 参照
完全性の保持	電子署名	⑳ ㊲ 参照
可用性の保持	サーバー増強	㉑ 参照
	ファイアウォール、IDS/IPS、WAF	㉘ ㊼ 参照
	セキュリティソフト	⑧ コラム13 参照
脆弱性の排除	セキュリティパッチ	⑬ 参照
	セキュリティテスト	㊷ 参照
	脆弱性データベース	⑭ 参照
セキュリティの設計	最小特権の原則	㉕ ㉛ ㊶ 参照
	多層防御・多重防御	㉜ 参照
	脅威分析	㉝ 参照

より高度な知識を身につけたいと思ったら、IT専門のニュース
サイトや脆弱性データベースなどを定期的にチェックするとよいで
しょう。サイバー攻撃にも流行があるので、これらのサイトをチェッ
クすることは対策に役立ちます。もし難しいと感じた場合は、より
高度な本を読んでみるとよいでしょう。**おすすめの書籍**をいくつか
紹介します。

会社のセキュリティ担当者になる方（幅広い基本知識）

- 「**図解即戦力 情報セキュリティの技術と対策がこれ1冊でしっかりわかる教科書**」中村行宏 他 共著、技術評論社、2021年

  仕事で必要な基本知識が広くまとめられており、フルカラーで読みやすいので、最初に読む本として適しています。この本を読み終わったあとなら、通読も容易でしょう。

- 「**マスタリングTCP/IP 情報セキュリティ編**（第2版）」
  齋藤孝道 著、オーム社、2022年

  さらに専門的な知識が必要になったときは、こちらを読むとよいでしょう。分厚いですが、情報セキュリティ分野で必要とされる知識がひととおり身につきます。姉妹本に「マスタリングTCP/IP 入門編」というネットワーク全般の入門書があるので、そちらを読んでから取り組むことをおすすめします。

  網羅的な入門書を理解できたら、業務での必要性や今後のキャリアプランなどに応じて、読む本を選ぶとよいでしょう。

ソフトウェア開発に関わる方（各種対策の前提知識）

- 「**実践ソフトウェアエンジニアリング**（第9版）」Roger S. Pressman 他 共著、SEPA翻訳プロジェクト他 共訳、オーム社、2021年

  ソフトウェアの開発にはどのような工程があり、それぞれの工程でなにが必要とされるか、というソフトウェアエンジニアリング全般についての知識を深めるのに最適です。

- 「**はじめて学ぶソフトウェアのテスト技法**」Lee Copeland 著、宗雅彦 翻訳、日経BP、2005年

  各種テスト手法や、同値分割、境界値分析など、具体的なテスト技法を学ぶことができます。

Web開発に関わる方（Web関連のセキュリティ知識）

- 「**体系的に学ぶ 安全なWebアプリケーションの作り方 脆弱性が生まれる原理と対策の実践**」徳丸浩 著、SBクリエイティブ、2018年

  Webに特化してセキュリティを解説する本で、開発者に必要な知識がまとめられています。実習用の仮想化マシンがダウンロードできるので、自分で手を動かして学ぶこともできます。

マネジメントの立場になる方（基本知識と最新動向）
- 「**CISOハンドブック 業務執行のための情報セキュリティ実践ガイド**」高橋正和 他 共著、技術評論社、2021年

  情報セキュリティの上級管理職であるCISOに必要とされる知識や考えかたを体系的にまとめたものです。企業内で運用するという観点での記述が含まれるため、マネジメントの立場の方におすすめです。

- 「**情報セキュリティ10大脅威**」IPA（情報処理推進機構）

  個人と組織それぞれについて最も脅威となる事項10個をランキング形式で挙げる、IPAが毎年発行する文献です。脅威やセキュリティの動向は刻々と変化するので、マネジメントの立場の方はそれらの動向をチェックしておきましょう。

- 「**情報セキュリティ白書**」IPA（情報処理推進機構）

　こちらも IPA が毎年発行する文献で、脅威にかぎらず情報セキュリティ全般の最新動向を詳細にまとめたものです。

この本で紹介した各技術について知識を深めたい方

- 「**暗号技術入門　秘密の国のアリス（第3版）**」結城浩　著、
  SB クリエイティブ、2015 年

　暗号の入門書です。暗号を実際に扱うには数学の知識が不可欠ですが、この本は難解な部分には深入りしないため、暗号分野を概観するために最初に読む本として適しています。

- 「**欺術　史上最強のハッカーが明かす禁断の技法**」Kevin David
  Mitnick 他　共著、ソフトバンクパブリッシング、2003 年

　過去にさまざまな**ソーシャルエンジニアリング**を行った経験をもつ、現ホワイトハッカーである著者がハッカーの具体的な手口を紹介する本です。読みものとしても面白いです。

- 「**Hacking：美しき策謀　脆弱性攻撃の理論と実際（第2版）**」Jon
  Erickson 著、村上雅章　翻訳、オライリー・ジャパン、2011 年

　Chapter 5 で紹介した**バッファオーバーフロー攻撃**を完全に理解するには、C 言語やメモリの理解が必須です。これらについて、詳細に解説されている本です。

- 「**セキュアなソフトウェアの設計と開発**」Loren Kohnfelder 著、秋勇紀 他 共訳、小出洋 監修、秀和システム、2023 年

  Microsoftの脅威分析手法「脅威モデリング」を開発した著者が、その分析手法と、それによるセキュアな設計開発手法について書いた本です。現在日本語で入手可能な**脅威分析**の本としては、最適なものだと思います。

- 「**入門セキュリティコンテスト CTFを解きながら学ぶ実戦技術**」中島明日香 著、技術評論社、2022 年

  本書でも紹介した**セキュリティコンテスト**、CTF の入門本です。実例を用いたやさしい解説がこれからCTFをやってみたいという方向けにはよいガイドになってくれると思います。

- 「**個人情報保護法**（第4版）」岡村久道 著、商事法務、2022 年

  令和2年および3年の**個人情報保護法改正**も反映した、個人情報保護法の詳細な解説です。

- 「**セキュリティエンジニアのための機械学習 AI技術によるサイバーセキュリティ対策入門**」Chiheb Chebbi 著、新井悠 他 共訳、オライリー・ジャパン、2021 年

  近年急速に普及が進む**機械学習**が、どのようなセキュリティ分野に応用されているかを具体的に解説する本です。機械学習に対する脅威と対策も解説されているので、おすすめです。

  サイバーセキュリティは、扱う内容が幅広いうえに発展も著しく、とくに独習の場合は挫折しそうになることも多いと思います。しかし非常に面白い分野でもあるので、本書で興味をもってくれた方は、ぜひこの読書案内を役立てていただければと思います。

アルファベット

C&C サーバー 133

CDN 135

CRYPTREC 暗号リスト 97

CSIRT 75

CTF 31

DDoS 攻撃 13, 131

DES 暗号 97

DoS 攻撃 13, 130

Emotet 28

F5 攻撃 13, 130

IANA 112

IDS 75

IEC 47

IoT 3

IPA 37

IPS 75

IP アドレス 39

IP プロトコル 39

ISMS 77

ISMS 適合性評価制度 77

ISMS 認証 77

ISO 47

ISO/IEC 27000 シリーズ 50

ISO/IEC 27001 47

JPCERT/CC 37

JVN 113

Linux 66

Mirai 132

OS 29

OS コマンドインジェクション 143

RSA 暗号 93

SELinux 66, 103

SOC 75

SQL 142

SQL インジェクション 142

SSH 111

TCP/IP プロトコル 38

TCP プロトコル 40

telnet 111

TLS 69

TPM 99

WAF 135

WannaCry 6

XSS 138

あ行

アカウントリスト攻撃 129

アドレス 147

アノマリ検知（異常検知） 117

暗号 91

暗号化 69

暗号化鍵 94

暗号文 93

インジェクション 136

インターネットバンキング 4

エクスプロイト 36

か 行

換字式暗号 91

鍵 92

可用性 56

下流工程 85

監視 70

完全性 54

機械学習 115

機械語 87

危殆化 97

機密性 52

脅威 85

脅威分析 84

強制アクセス制御 66

共通鍵暗号 94

クラッカー 31

クラッキング 31

グローバル IP アドレス 40

計算量的安全 96

現代暗号 91, 92

公開鍵暗号 95

攻撃者 5

国際規格 47

古典暗号 91

コマンドプロンプト 112

コンパイル 87

コンピューターウイルス 26

さ 行

サーバー 12

サーバーダウン 131

最小特権 66, 80

サイバー空間 48

サイバー攻撃 4

サイバーセキュリティ 49

サイバーセキュリティ基本法 78

資産 85

辞書攻撃 (リスト型攻撃) 126

出力 105

仕様 32

情報 48

情報セキュリティ 47

情報セキュリティの CIA 51

上流工程 85

所持しているものによる認証 61

ショルダーハッキング 23

真正性 51

信頼性 51

信頼の基点 101

信頼の鎖 101

心理的手段 23

スクリプト 138

ストライサンド効果 43

スパイウェア 27

脆弱性 9, 32

脆弱性データベース 37

生体情報による認証 61

責任追跡性 51

セキュア OS 102

セキュアブート 101

セキュリティUSB 23

セキュリティインシデント 86

セキュリティソフト 19

セキュリティテスト 104

セキュリティパッチ 34

ゼロデイ 37

ゼロデイ攻撃 37

総当たり攻撃（ブルートフォース攻撃）
.... 122

ソーシャルエンジニアリング 20

ソフトウェア 99

た 行

ダークウェブ 25

耐タンパー性 99

多重防御 83

多層防御 82

単体テスト 106

チート 88

知識を使う認証 61

データベース 49

転値式暗号 90

電子署名 55

トラッシング 21

トロイの木馬 27

な 行

なりすまし 24

入力 105

任意アクセス制御 66

認可（アクセス制御） 64

認証 58

は 行

ハードウェア 99

バグ 33

パターンマッチング 114

ハッキング 30

ハッシュ関数 95

ハッシュ値 95

バッファ 147

バッファオーバーフロー 146, 149

パラメータ 145

パラメータバインド 145

否認防止 51

秘密鍵 95

標的型攻撃 25

平文 92

ファイアウォール 75

ファジング 108

フィッシング 5, 24

復号 69, 92

復号鍵 94

不正アクセス禁止法 78

二段階認証 62

物理的手段 21

踏み台攻撃 132

プライベートIPアドレス 40

ブラックボックステスト 105

ブラックリスト 116

プリペアドステートメント 145

振る舞い検知 115

プロトコル 39

ペネトレーションテスト 109

ポート 110

ポートスキャン 110

ボット（踏み台） 132

ホワイトハッカー 31

ホワイトボックステスト 105

ホワイトリスト 116

ま行

マクロ 7

マルウェア 26

メールボム 13

メモリ 147

メモリ破壊攻撃 146

モジュール 106

や行

ユーザーベース認証 65

ら行

ライブラリ 153

ランサムウェア 6

リクエスト 39

リスクアセスメント 77, 86

リバースエンジニアリング 88

リバースブルートフォース攻撃 124

レスポンス 39

ロールベースアクセス制御 67

ログ 70

わ行

ワーム 26

〈著者略歴〉

大久保 隆夫 （おおくぼ・たかお）

情報セキュリティ大学院大学 情報セキュリティ研究科長・教授。
株式会社富士通研究所にて、リバースエンジニアリング・分散開発環境・アプリケーションセキュリティの研究に従事。そののち、情報セキュリティ大学院大学にて博士（情報学）を取得。現在は同学の教授としてシステムセキュリティの研究を行っている。
著書に『イラスト図解式 この一冊で全部わかるセキュリティの基本』（共著、SB クリエイティブ、2017 年）がある。

イラスト：加納 徳博
本文デザイン：上坊 菜々子

「サイバーセキュリティ、マジわからん」
と思ったときに読む本

2023 年 10 月 25 日　　第 1 版第 1 刷発行
2024 年 9 月 10 日　　第 1 版第 3 刷発行

著　　者　大久保隆夫
発行者　村上和夫
発行所　株式会社 オーム社
　　　　　郵便番号　101-8460
　　　　　東京都千代田区神田錦町 3-1
　　　　　電話　03(3233)0641(代表)
　　　　　URL　https://www.ohmsha.co.jp/

© 大久保隆夫 2023

組版　クリィーク　印刷・製本　壮光舎印刷
ISBN978-4-274-23103-2　Printed in Japan

本書の感想募集 https://www.ohmsha.co.jp/kansou/
本書をお読みになった感想を上記サイトまでお寄せください。
お寄せいただいた方には、抽選でプレゼントを差し上げます。